L'art de faire le vin avec les raisins secs

J.-F. Audibert

Alpha Editions

This edition published in 2022

ISBN : 9789357098229

Design and Setting By
Alpha Editions
www.alphaedis.com
Email - info@alphaedis.com

Contents

AVANT-PROPOS

De la Première Edition parue en 1880

Afin de rendre le jugement de mes lecteurs moins sévère à mon égard en parcourant ce traité, il est essentiel que je leur apprenne à la suite de quelles circonstances il a été fait.

Nul moins que moi ne songeait à devenir auteur.

Au mois de septembre 1879, M. le Ministre de la Justice, ne suivant pas en cela les traces de ses devanciers qui s'y étaient opposés, (l'honorable M. Dufaure entr'autres) lançait la circulaire considérant les vins de raisins secs comme une falsification.

Il m'incombait à moi, le créateur et promoteur en France de cette industrie, d'y répondre. Je le fis par la voie des journaux. Mes réponses eurent un immense retentissement; et dans la plupart des lettres, trop élogieuses, qui m'arrivèrent de toutes parts, aussi bien de France que de l'étranger, se trouvait émis le même vœu. «Donnez un ouvrage, écrivez un traité pour justifier la fabrication de ce vin, que la science, l'hygiène et la nécessité conseillent, en attendant que les faits, plus puissants que les mesquines coalitions d'intérêt privé, proclament l'excellence et l'impérieux besoin de cette boisson.»

Près de douze cents lettres de ce genre m'arrivèrent dans les huit jours qui suivirent ma première réponse à M. le Ministre.

Devant cette demande spontanée, je considérai comme une obligation d'y accéder, malgré la tâche écrasante dont j'allais assumer la responsabilité. Les encouragements ne me firent pas défaut, et fort de la sympathie dont m'entouraient nos plus illustres savants contemporains, tous prêts à me soutenir si je faiblissais et à appuyer ma modeste œuvre de solides et indestructibles travaux, j'annonçai dans la plupart des organes vinicoles l'apparition de mon traité.

Que de fois n'ai-je pas été sur le point de renoncer à ce travail, en envisageant les difficultés sans nombre que j'avais à franchir! Que de fois n'ai-je pas rejeté ma plume en songeant à ma témérité!

J'écrivais, moi humble et inconnu fabricant, un traité sur les vins après Chaptal, Gay-Lussac, le Comte Odart, Pasteur, Dumas, Maumené, etc., tous immortels par leurs travaux gigantesques, auprès desquels les miens font songer à l'audace de la grenouille qui veut se faire aussi grosse que le bœuf, du bon Lafontaine.

Ici, je dois un hommage sincère et éclatant à ces savants aussi modestes qu'illustres. Tous ont encouragé mes efforts et m'ont permis de puiser à pleines mains dans leur profonde science dont ils ont accumulé les fruits, avec tant de labeur et surtout tant de persévérance dans leurs ouvrages.

Que ne m'est-il permis de graver ici en lettres d'or, dans un même élan de reconnaissance, les noms de: MM. *Reboul*, *Maumené*, *Dumas*, *de la Souchère*, *Pasteur*, *Derbès*, et de tous ceux qui m'ont encouragé et soutenu dans mes premiers pas.

C'est plein de confiance dans l'amitié et la sympathie de mes lecteurs, que je n'hésite pas à me présenter devant eux.

Cet ouvrage a pour devise l'épigraphe que M. le Comte Odart avait placée sur la première page de ses œuvres publiées en 1837: «Point de préceptes, beaucoup d'exemples; de la simplicité des moyens la perfection des résultats.»

Dans ce but on trouvera réunies dans le cours de ce livre, toutes les innovations pratiques que j'ai pu recueillir à l'appui des assertions que j'avance; de plus, j'ai groupé sous forme d'appendice, à la fin de ce traité, les circulaires et documents sur lesquels s'appuie la fabrication des vins de raisins secs.

L'assurance de mes bonnes intentions me fera-t-elle trouver grâce devant mes chers lecteurs? C'est le vœu que j'ose exprimer, et je serais heureux, si des idées que j'ai semées dans cet ouvrage d'une forme parfois heurtée, pouvait résulter l'utilité que j'ai eu en vue en l'entreprenant.

Ces idées sont de deux sortes: les premières tendent à vulgariser la fabrication des vins de raisins secs en indiquant les moyens que j'ai reconnus les plus simples et les plus pratiques pendant ma carrière de fabricant; les secondes, à populariser les doctrines scientifiques, autour desquelles on ne saurait faire trop de lumière, surtout pour les questions d'alimentation qui sont d'un si haut intérêt pour toutes les classes de la société.

Marseille, le 31 décembre 1879.

J.-F. AUDIBERT.

A MES LECTEURS

Quelques mois se sont à peine écoulés que mes prédictions se sont accomplies au-delà de toute espérance. Le vin de raisins secs, ainsi que toutes les grandes innovations de notre siècle, a eu à subir les épreuves les plus rudes dont il devait forcément sortir victorieux. Vainement on a tenté en haut lieu de lui opposer une infranchissable barrière au moyen d'une circulaire ministérielle. Je me suis constitué son champion, j'ai protesté énergiquement, soit par des conférences publiques, soit par des lettres publiées par la voie des journaux et adressées à MM. les Ministres et à MM. les Députés. Je défendais mon œuvre, mon enfant, en un mot, et ai dépensé là, toute l'énergie dont je pouvais être capable. Enfin, nous avons triomphé. Je dis nous avons triomphé, car le vin de raisins secs et moi avions lié d'une façon indissoluble notre destinée.

Aujourd'hui, le commerce en est libre. Par une circulaire en date du 26 avril 1880; M. Audibert, directeur général des Contributions indirectes, sur les instigations de M. le Ministre de la Justice, les rapports de la société d'Hygiène, de M. Reboul, doyen de la Faculté des Sciences, à Marseille, etc., a rapporté de la première circulaire parue en septembre 1879, tout ce qui entravait la libre circulation et le commerce des vins de raisins secs.

Je rends ici un juste hommage à MM. les Ministres de la Justice et des Finances, à ces hommes éclairés, qui, mus par le seul désir d'être utiles à leur pays, n'ont pas hésité de rétracter ce qu'ils avaient cru devoir faire pour le bien du peuple, et de reconnaître qu'ils s'étaient trompés. De pareilles rétractations, loin de diminuer le prestige des gouvernants, aux yeux des administrés, ne font que le relever et les faire aimer davantage. Les despotes seuls ne rétractent jamais.

Dans cette nouvelle édition, vous trouverez de nombreuses rectifications. Toutes les innovations que j'ai faites depuis deux ans y ont été consignées avec soins. De plus et par suite de ma correspondance avec un grand nombre d'entre vous, j'ai pu supprimer ce qui m'a paru inutile, et ajouter tout ce que j'ai jugé nécessaire. En un mot, je n'ai eu qu'un mobile, mes chers lecteurs, celui de vous rendre plus facile la tâche de la fabrication du vin.

Je voudrais pouvoir vous remercier aussi d'une façon toute particulière du succès que vous m'avez fait et des éloges beaucoup trop flatteurs que vous m'avez prodigués de toutes parts, onze éditions de 5000 volumes chacune, ont été épuisées en six ans. Je ne m'attendais pas à rencontrer dans le public une telle faveur. Mais ce qui a rendu mon étonnement plus grand encore, c'est de voir que tous les pays du monde, aujourd'hui, voulant le livre d'Audibert, fabriquent du vin de raisins secs. J'aurai peut-être ainsi permis de boire du vin à bon marché à des contrées qui jamais n'auraient pu jouir de ce bienfait. L'Amérique du Nord et du Sud, l'Ile de la Réunion, la Chine, les Iles de l'Océanie, l'Afrique centrale!!![1] etc., fabriquent et boivent du vin de raisins secs.

Le but unique que j'avais poursuivi, était de rendre service à la France. Il m'a été donné de voir se généraliser mon œuvre. C'est ma seule satisfaction, ma plus belle récompense; je me trompe, car ce à quoi surtout j'aspire de toute la force de mon âme, c'est à l'estime de mes concitoyens.

Marseille, le 25 février 1886.

J.-F. AUDIBERT.

CHAPITRE I

Pourquoi le Vin de Raisins Secs?

C'était après la guerre de 1870-71, à la suite de nos malheurs; une clameur immense s'éleva du Midi de la France comme un triste écho des provinces si éprouvées du Nord. Le phylloxéra avait anéanti les vignobles du riche département de Vaucluse. Après la garance, invendable, le vin manquait complètement. A ce moment un appel impérieux fut fait à la science par le gouvernement, que la voix publique fit sortir de sa torpeur. Le terrible insecte, après avoir ravagé un département tout entier, s'avançait lentement et menaçait du même sort les départements limitrophes. On constatait déjà sa présence en de nombreux endroits des départements des Bouches-du-Rhône, du Gard, des Hautes et des Basses-Alpes.

Dans l'espoir de vaincre ce nouvel ennemi de la vigne, aussi facilement que l'oïdium, des promesses extraordinaires d'argent, de titres honorifiques, etc., furent faites par le Gouvernement et les Sociétés Savantes, à l'heureux innovateur qui trouverait le moyen de l'arrêter sinon de l'anéantir.

Le département de l'Hérault, seul, offrait un million de récompense. L'appât d'une pareille fortune devait forcément tenter bien des intelligences; de là ces nombreux soi-disant moyens de détruire le phylloxéra que les journaux enregistrèrent pendant plusieurs années avec fracas presque tous les jours.

Tous les sulfates, les phosphates et les carbonates y passèrent: hélas! les résultats nous les connaissons malheureusement tous trop bien. La plupart de ces remèdes détruisent certainement le phylloxéra; mais que de vignes sont mortes, de l'essai qu'on a fait sur elles, de tous ces véritables poisons anti-phylloxériques.

Des premiers, peut-être, je me suis occupé de cette importante question. Habitant le département des Bouches-du-Rhône et ma famille y ayant des propriétés, j'ai, pour ainsi dire, suivi la marche du fléau pas à pas[2].

Moi aussi je crus, après avoir essayé sur nos vignes tous les moyens connus, moi aussi, dis-je, j'eus un moment l'illusion d'être arrivé à une solution. C'était par ma méthode de l'inoculation des vignes, c'est-à-dire la vaccination. Ma découverte fit le tour de la presse, j'eus de fervents disciples, et l'honneur de voir discuter mon idée dans les Académies de Sciences.

Voici du reste en quoi consistait mon procédé et sur quel raisonnement il reposait: les véritables agriculteurs me comprendront tout de suite.

Etant donné que les racines d'une vigne de 3 à 5 ans sont à un mètre de profondeur au moins, la chevelure et les radicelles sont éloignées d'autant du tronc; pour atteindre le phylloxéra, il faut arriver jusque là, car c'est généralement par le bas qu'il tue les ceps.

Or, si le remède est énergique, il en faut peu, afin de ne pas tuer la vigne; mais alors l'éloignement dans lequel se trouve l'insecte le met à l'abri; tandis que si l'on en met beaucoup pour l'atteindre on tue la vigne.

Voilà, en peu de mots, le cercle vicieux dans lequel tourne la science. Je voulus en sortir et atteindre le but par un moyen diamétralement opposé: «Pourquoi, me dis-je, au lieu de chercher à tuer directement le phylloxéra, ne donnerions-nous pas à la vigne elle-même, la force de l'éloigner ou même de le tuer?»

Je cherchai un agent que le règne végétal acceptât et que le règne animal rejetât. J'avais trouvé: le sulfate de fer. Pour faire mon opération je l'employais ainsi:

Après en avoir saturé de l'eau, je faisais, au moment du mouvement de la sève, un trou dans le tronc de la vigne; j'y versais un peu de cette eau et je rebouchais avec du mastic de l'Homme le Fort. La blessure se cicatrisait et la sève entraînait avec elle, jusque dans les plus petites radicelles, du sulfate de fer dont l'odeur seule devrait suffire à faire disparaître le phylloxéra, ou à l'empoisonner s'il eût persisté à se nourrir de cette sève.[3]

Mon moyen fut expérimenté dans de nombreuses propriétés; les rapports arrivèrent, comme pour les autres procédés employés, tantôt favorables, tantôt défavorables. Voyant que les savants ne s'y arrêtaient pas et que peut-être le résultat en serait le même que celui de nombreux moyens déjà connus et employés, je l'abandonnai; et, pour moi, le problème devint celui-ci:

Que boira-t-on en France dans 10 ans si le phylloxéra ne trouve point un adversaire assez puissant pour le détruire?

Je cherchai et trouvai le vin de raisins secs. Depuis quelque temps déjà la distillerie clandestine s'en servait pour obtenir de l'alcool de vin, mais la boisson obtenue par ce procédé sommaire ne constituait pas encore le vin proprement dit. Je dirigeai alors mes recherches de ce côté et je créai à Marseille la première fabrique de vin avec les raisins secs. Ce fut un évènement. A cette époque, les tribunaux avaient déjà été quelquefois appelés à statuer sur les falsifications des vins par des colorants artificiels. Quelques jugements rendus et bruyamment publiés dans les journaux avaient tellement mis en émoi l'opinion publique que le Gouvernement, à l'annonce *d'une fabrique* de vin, s'était presque refusé à en accorder l'autorisation.

J'adressai un rapport à MM. les Ministres des finances et de l'agriculture, dans lequel j'exposais sommairement ma fabrication et mon but et j'obtins enfin, après trois mois d'attente, cette autorisation si désirée. Le parquet, le conseil d'hygiène, etc., avaient été mis au courant de ce qui se passait.

Un an plus tard les fabriques de vin de raisins secs se chiffraient par centaines en France. Aujourd'hui le vin de raisins secs est populaire. Mes concitoyens m'ont bien vengé des attaques injustes dont j'ai été l'objet.

Dans cet ouvrage, je me suis efforcé, suivant les traces de mes illustres devanciers et maîtres: Chaptal, Thénard, Gay-Lussac, Pasteur, Dumas, Maumené, etc., de grouper le plus simplement possible, mes observations et le résultat de mes expériences, persuadé que les choses dites le plus simplement sont les meilleures. Ce ne sont point des belles phrases que le lecteur doit espérer y trouver; ma seule ambition est d'arriver à populariser encore davantage dans notre beau pays, cette boisson économique et hygiénique qui permettra de boire du véritable vin à bien des gens que la modicité de leurs ressources en empêchait jusqu'à présent.

Avec mon ouvrage, je procure aux viticulteurs atteints par le phylloxéra ou les maladies les moyens de se refaire une nouvelle récolte; enfin, aux négociants et aux commerçants, je démontre de quelle utilité est pour eux ce vin avec lequel on peut imiter tous les vins étrangers[4] au point de ne pouvoir reconnaître le vrai du faux. Atteindrai-je ce but? C'est mon plus cher désir; puisse cet ouvrage m'aider dans cette ambition.

CHAPITRE II

Quels sont les meilleurs Raisins et à quoi les reconnaît-on?

En général, pour faire du vin, tous les raisins secs sont bons; mais, ainsi que pour presque tous les produits obtenus par l'homme, la qualité dépend d'abord du choix des matières premières les plus favorables et les plus propices, et de leur plus ou moins intelligente manipulation.

Les raisins secs les plus employés pour la fabrication des boissons à cause de leur abondance, et partant de leur prix minime, sont:

Les Corinthe;

Les Thyra;

Les Samos;

Les Vourla, etc.

Corinthe.—Comme leur nom l'indique, les raisins de Corinthe nous viennent directement de la fameuse presqu'île péloponésienne. La récolte de ces fruits, généralement abondante, donne lieu dans ce pays à un commerce considérable. Il est inutile que j'entre dans les détails de la dessication qui intéresseraient fort peu le lecteur; cependant, d'une manière sommaire, à titre de renseignement, je dirai plus loin comment on l'obtient.

Les Raisins de Corinthe sont les plus petits de tous; ils n'ont pas de pépins et sont débarrassés du bois de la grappe, ce qui rend leur emploi des plus agréables. Les grains secs sont à peine de la grosseur d'un gros pois; leur propreté est remarquable et surpasse celle des fruits de la Turquie d'Asie (j'en donnerai plus loin la raison); ils nous arrivent dans des caisses et le plus souvent dans des sacs de 80 à 130 kil. Ils y sont tellement entassés et pressés que, confondus les uns dans les autres, ils ne forment plus qu'un seul et même bloc; c'est du reste ainsi que sont expédiés des pays de production tous les raisins secs.

A mon avis, c'est la qualité qui convient le mieux à la fabrication. Le vin une fois obtenu, leurs grappes ont divers emplois qui feront l'objet d'un chapitre spécial.

Répondant à la demande d'un grand nombre de mes lecteurs qui ne veulent avoir aucun des soucis occasionnés par le choix des raisins de Corinthe, je me suis rendu propriétaire, seul concessionnaire autorisé par le Gouvernement Grec, de la première des grandes marques: *Le roi de Grèce.* Les sacs en sont plombés, estampillés et la qualité maintenant est garantie extra premier, de premier choix, sans jamais plus craindre d'être trompé[5].

Thyra.—Les Thyra forment une variété de raisins secs qui est principalement expédiée de la Turquie d'Asie et surtout de Smyrne où les négociants les achètent et les entreposent pour les expédier ensuite dans tous les pays de consommation. Ces raisins sont de la grosseur des nôtres ordinaires, et loin d'avoir subi l'égrappage comme les Corinthe, ils possèdent toutes leurs grappes, c'est-à-dire le bois où les grains sont suspendus. Cette qualité produit aussi du bon vin ordinaire, mais sa finesse n'égale pas celle du vin de raisins de Corinthe; cela tient au bois de la grappe dont j'ai parlé plus haut. Il lui communique une certaine rudesse, qui, pour certains coupages et suivant les goûts, est peut-être préférable à l'état presque neutre du vin de Corinthe. On trouve souvent mêlés à ces raisins divers corps étrangers, tels que: dattes, figues, et surtout des pierres, qui constituent par leur poids un véritable bénéfice pour les expéditeurs.

Je conseillerai donc aux fabricants de vin, de bien veiller à ces divers cas que je signale, suivant les produits qu'ils voudront avoir.

Samos.—Les Samos, comme l'indique leur nom, sont originaires de cette île, qui est presque toute complantée de vignes. La bonté de ces raisins et l'excellente qualité des vins qu'ils produisent à l'état frais leur a fait une juste réputation. Qui ne connaît en effet, du moins de nom, les fameux vins de Samos, si estimés, si recherchés?

Les raisins Samos, vulgairement appelés *gros grains*, sont employés de préférence dans les fabrications où l'alcool est surtout recherché. Ces raisins de la grosseur de nos gros raisins morvêdes, grenaches, contiennent assez de sucre. Par une bonne fermentation, on peut recueillir de l'alcool de bonne qualité. La pellicule est moins rude que celle de la plupart des raisins secs. Les envois sont soignés et on y trouve moins d'impureté que dans les raisins Thyra.

Il est aussi des raisins Samos, dit Muscats, dont on tire un grand parti pour faire les vins d'imitation.

Vourla.—Ces raisins sont de beaucoup les plus beaux comme type courant. D'une grosseur égale à nos grosses panses, dites de Malaga, un consommateur ordinaire peut facilement s'y tromper; leur partie sucrée abondante les fait presque ranger dans la catégorie des raisins secs de *bouche*; leur couleur seule, d'un beau jaune d'or foncé, décèle leur origine, car le raisin sec de bouche est généralement noir. Cette catégorie de raisins Vourla, servira plutôt au fabricant pour les vins fins. On peut en tirer un grand parti et dans un autre ouvrage j'expliquerai comment on peut obtenir, avec ces raisins, des Madères, des Xérès[6] etc.

Cette qualité de raisins, par une anomalie étrange, est pourtant moins chère que les Samos.

Cette différence, dans les prix, provient de la répugnance involontaire qu'éprouve le fabricant à user de ces raisins qui sont d'une apparence trop belle pour servir à la fabrication et de l'irrégularité des arrivages de ces fruits.

Cette situation me rappelle ce qui se passa lors de l'arrivée à Marseille, des premiers Corinthe. Les raisins généralement employés étaient les Thyra et en quelque sorte c'étaient les seuls connus. Une maison de Patras, en Grèce, voulut expédier un chargement de raisins de Corinthe et les fit offrir aux négociants de Marseille qui s'empressèrent presque tous de refuser ces raisins, même au prix les plus bas. La vue de ces raisins minuscules, semblable à de rognures de pellicules desséchées de raisins secs, les leur faisait rejeter. Ils ne contiennent pas de sucre, disaient les uns; ils ne produiront presque pas d'alcool, disaient les autres. Je mis fin à tous ces bruits en affirmant leur richesse alcoolique, que des expériences rigoureuses et répétées m'avaient démontrée. Alors, au récit que je faisais de l'excellence des vins obtenus avec ces raisins, à la vue de mes échantillons, un revirement subit se fit dans l'opinion et les Corinthe furent demandés de préférence aux autres qualités.

Maintenant voici les traits distinctifs auxquels on reconnaît les bons raisins secs de n'importe quelle qualité.

On doit, si les raisins sont en sacs ou en caisses, ne point juger de leur valeur par les grains *qui coiffent* les sacs, c'est-à-dire qui se trouvent immédiatement au-dessus. Enfonçant la main le plus possible dans l'intérieur, on en retire une motte que l'on brise sur une feuille de papier. Seulement alors, vous pouvez les juger réellement. Assurez-vous d'abord si les raisins de l'intérieur de cette motte sont en bon état et s'ils n'ont pas subi une première fermentation soit à cause de leur mauvaise préparation, soit par suite d'un accident qui les aurait mouillés. Dans ce cas, les raisins sont ce qu'on appelle *sucrés*, c'est-à-dire que recouverts d'une couche cristalline, on les croirait trempés dans du sucre. Ils subissent, dans cet état, une dépréciation notoire pour le vendeur car le raisin n'a plus cette belle apparence de propreté qui est déjà un gage de sa bonté.

Quelquefois les importateurs, afin d'éviter les frais que nécessite la mise en sacs, mettent les raisins dans la calle des navires tels quels, c'est-à-dire en grenier; les raisins peuvent subir des avaries avec ce mode de transport et bien souvent le fond de la calle, humide, humecte les raisins qui fermentent plus tard une fois mis en sacs.

Le fabricant ne doit pas repousser *à priori* les raisins pour ce seul fait. Les grains ont bien perdu, il est vrai, mais ils font encore du bon vin. C'est au fabricant à les acheter au plus bas prix possible pour en tirer le meilleur parti.

Cette première inspection passée, on doit s'assurer si les grains sont bien *charnus*, c'est-à-dire s'ils sont nourris et si, en les coupant avec la dent, on sent ce gras du sucre qui constitue sa principale qualité.

Les variétés de raisins secs sont très nombreuses; j'ai signalé les plus employées. Cependant, depuis l'extension colossale que l'industrie des vins de raisins secs a prise en France à la suite de mes efforts, le commerce s'est approvisionné pour avoir des fruits, dans tous les pays qui en produisent. Je n'ai pu parler de ces diverses qualités dans mes premières éditions, parce qu'elles n'étaient presque pas connues. C'est ainsi, qu'on vend aujourd'hui pour fabriquer du vin, des *Chesmes*, des *Chypre*, des *Denia*, etc., tous raisins portant le nom de leurs diverses provenances; j'engage mes lecteurs à se méfier de toutes ces qualités de raisins secs, et à n'employer qu'une marque, en première ligne, que des Corinthe, dont la supériorité est incontestablement démontrée.

Bien des personnes m'ont écrit pour me demander s'il n'existait pas une qualité qui donnât du vin rouge. Assurément, la plupart de ces raisins sont susceptibles de fournir à l'état frais des vins même très colorés; mais le soleil, cet ennemi mortel de la couleur, la fait disparaître des pellicules où elle est lors de la dessiccation. Les vins de raisins secs sont donc plus ou moins jaunes. Bientôt, je l'espère, je vous donnerai un moyen de les obtenir rouges naturellement.

Dans un chapitre spécial, après avoir indiqué les divers modes de fermentation et les soins à donner aux vins pour la fabrication, je parlerai des coupages et des moyens de colorer le vin blanc: mais, dans ce chapitre exclusivement réservé à la description des raisins, je vais terminer par quelques conseils à l'égard des agriculteurs, des fabricants et des personnes qui voudraient se livrer à cette fabrication.

Tenez vos sacs de raisins dans un endroit frais, mais non humide; la chaleur et l'humidité leur sont également préjudiciables.

Ne montez pas trop vos piles de sacs afin d'éviter l'échauffement provenant du poids des sacs sur la masse des raisins; Evitez le suintement, ce qui est à craindre quand les raisins sont bien nourris et charnus.

Ce suintement n'est autre chose que le sucre rendu liquide par la chaleur qu'engendre la pression, et constitue un déchet dans la production alcoolique, déchet qui atteint quelquefois de 5 à 6 0/0.

Voilà, en peu de mots, la description et l'histoire des divers raisins secs employés dans l'industrie.

La pratique, mieux que toute théorie, guidera à la longue le fabricant dans le choix qu'il devra faire.

Je termine par un avis amical:

Les qualités et les sortes de raisins étant diverses, l'industriel devra surtout s'attacher à s'adresser de préférence à une maison de confiance pour les achats, car la vue des échantillons ne suffit pas toujours.[7]

De la falsification des Raisins secs, des MOWRA-FLOWER, de leur abus.

Les demandes considérables et générales de raisins secs qui arrivèrent sur les marchés importateurs, durant l'année 1879 et 1880, de tous les départements et de certains pays étrangers, devaient fatalement donner naissance à des fraudes commerciales. Le prix élevé qu'atteignirent les raisins secs et le peu de connaissance qu'on a encore de ces produits, facilitèrent ces manœuvres. C'est ainsi que quelques négociants peu scrupuleux, afin de rendre aux raisins mouillés lors de la récolte ou détériorés, leur apparence ordinaire, les arrosent de mélasse. Les vins que l'on fait avec les raisins ainsi dénaturés sont généralement mauvais; les fermentations rarement menées à bonne fin. Que les fabricants veillent donc attentivement en achetant les raisins, et évitent d'être dupes de la manœuvre déloyale que je leur signale.

Des MOWRA-FLOWER.—Dans le courant de l'année 1879, je fus appelé à faire, dans le laboratoire de la Faculté des Sciences de Marseille, des expériences pratiques sur un produit nouvellement importé de l'Inde, appelé *Mowra flower.*

C'était une fleur dont l'apparence était celle des raisins de Thyra. A première vue un œil exercé pouvait seul reconnaître la différence existante. En regardant avec attention, il était cependant facile de ne pas s'y tromper. La forme du *Mowra flower* est celle-ci: un bouton de rose, dont le follicule est d'un seul morceau. En l'ouvrant on trouve dans l'intérieur les pétales.

La richesse saccharine de cette fleur est égale à celle des raisins, soit de 60 à 65 0/0; mais la fermentation s'établit très-difficilement, et le produit qu'on en obtient est affecté d'un goût amer *sui generis* très prononcé.

ABUS.—La grande ressemblance des *Mowra* avec les raisins secs et leur bas prix, ont permis quelquefois aux négociants de fruits secs de glisser de ces fleurs dans les sacs de raisins secs. Leur mélange, dans les proportions de 20 à 30 0/0, constitue un réel bénéfice pour les vendeurs. Je me fais un devoir, dans cette nouvelle édition, de porter à la connaissance des viticulteurs et fabricants, tous ces abus, heureux de pouvoir ainsi, dans une certaine mesure, empêcher des fraudes dont la réputation du vin de raisins secs souffrirait seule.[8]

CHAPITRE III

Du local et des ustensiles propres à la fabrication

Dans ce chapitre, un grand nombre de mes lecteurs, déjà viticulteurs, pourront recueillir quelques conseils que l'expérience et l'étude seuls procurent. Beaucoup d'agriculteurs ignorent même le nom de nos savants qui ont entassé dans leurs ouvrages ces précieuses observations; la raison en est plus simple qu'on ne le croit.

La plupart de nos illustres auteurs, tels que Chaptal, Lavoisier, Pasteur, Maumené, etc., ont fait des livres qui sont de véritables monuments scientifiques. Sont-ils à la portée de nos modestes agriculteurs? Evidemment non: leur prix élevé d'abord, à peine rémunérateur, en songeant aux longues heures et années de travail qu'ils ont exigées, éloigne les bourses modestes. D'un autre côté, il répugne visiblement à l'humble laboureur de parcourir ces magnifiques pages où la science s'entasse à chaque ligne dans sa langue naturelle, mais, hélas, comprise seulement par un bien petit nombre d'élus. C'est surtout ce point là que j'ai visé dans mon ouvrage: Mettre les sages conseils et avis de nos savants célèbres à la portée de tous dans le langage ordinaire.

Le cellier que le fabricant devra employer de préférence sera celui qui sert aux vendanges ordinaires; cependant, cette récolte de toute l'année exige des soins et des précautions que celles du mois de septembre et du mois d'octobre ne demandent pas.

Dans les pays vinicoles, le climat est véritablement tempéré. La température de 15 à 20° dans les celliers étant naturelle les fermentations s'établissent et s'activent naturellement sans aucun autre soin que ceux que la vieille routine a implantés chez les viticulteurs.

En parlant des dispositions à prendre pour la fabrication des vins de raisins secs, je signalerai les observations que m'ont suggérées mes visites dans un grand nombre de celliers, dont les mauvaises dispositions étaient les véritables ennemies d'une bonne fabrication de vins, et les innovations que j'ai faites, depuis mes premières éditions, pour la fabrication, même à l'air libre, des vins de raisins secs.

En premier lieu, la cave doit être établie dans des conditions convenables d'aérage, car, la fermentation exige cinq choses essentielles: 1° du sucre; 2° du ferment; 3° de l'eau; 4° de l'air; 5° une certaine température.

Nous parlerons, ultérieurement, des trois premiers points dans le chapitre des fermentations proprement dites et nous allons nous occuper ici des deux derniers.

L'aérage des celliers est d'une importance capitale. L'exemple que je vais citer, entre beaucoup d'autres, le prouvera surabondamment. M. S..., opticien à Marseille, possède dans les Bouches-du-Rhône une propriété au crû dit de St-Henry, qui, chaque année, lui rapporte une certaine quantité de vin.

Depuis dix ans environ, son vin ne pouvait plus se conserver malgré tous les soins qu'il y apportait, soit à la vendange, soit à la fabrication. Le même phénomène se représentant, et appelé à en rechercher la cause, je remarquai immédiatement le défaut presque absolu du renouvellement de l'air dans son cellier. Un tuyau que je fis poser, partant de l'extérieur, mit fin à cet état de choses. Depuis lors son vin est devenu un des meilleurs de ce crû.

Les cuves en bois, devant servir à la fabrication des vins de raisins secs, peuvent être soit petites soit grandes.

Je conseillerai des récipients de 50 à 100 hectolitres. Il est bien certain que les cuves plus grosses ou plus petites peuvent servir également. Mais, plus le récipient est grand, plus le liquide qu'il contient et le remplit, fermentent régulièrement.

Les cuves, *tronc conique*, sont préférables pour le gouvernement de la fermentation; leur forme, évasée par le bas, sert à maintenir le *chapeau* dans leur partie supérieure.

Les cuves en maçonnerie peuvent aussi servir à la fermentation et leur entretien exige peut-être moins de soins avant la vendange; mais, à mon avis, la fabrication des vins de raisins secs est préférable dans les cuves en bois.

Avant de déposer le moût dans une cuve, il est nécessaire de la nettoyer avec le plus grand soin, afin d'en extraire les végétaux étrangers qui ont pu prendre naissance sur les parois, et détruire les imperceptibles champignons qui forment la moisissure qui en tapisse les parois et qui peut être, plus tard, le sujet de bien des accidents dans la fermentation.

Voici le meilleur mode:

Un homme pénètre dans l'intérieur et, armé d'une brosse, il frotte fortement avec de l'eau tiède; après cette première opération qui radoucit les pores du bois, le lavage à l'eau fraîche fait disparaître les dernières impuretés; on enduit alors les parois d'une légère couche de chaud, couche qui doit être plus épaisse pour les cuves en pierre.

En Bourgogne, après avoir nettoyé avec l'eau, on passe un peu d'eau-de-vie dans les cuves, qui sont toutes en bois. Chaptal nous apprend que les anciens donnaient une grande importance aux moyens de préparer la cuve. Non seulement ils la frottaient avec divers liquides tels que des décoctions de plantes aromatiques, de l'eau salée, du moût bouillant, etc., mais ils y brûlaient ensuite des aromates.

Comme tout le travail de la vinification se fait exclusivement par une bonne fermentation, nous croyons devoir nous appesantir davantage sur ces détails. Eviter les causes d'une mauvaise fermentation, tel est le but dont doit se pénétrer le fabricant.

La question de la température est aussi des plus importantes; on regarde généralement, dit Chaptal, le 25e degré au-dessus de zéro au thermomètre centigrade, comme celui qui indique la température la plus favorable à la fermentation alcoolique: elle languit au-dessous de ce degré et devient tumultueuse au-dessus. A une température très basse, ou très chaude elle n'a même plus lieu.

Il suit de ce principe que, lorsque la température du lieu où la fermentation s'accomplit n'est pas au moins à 15 degrés centigrades, il faut l'y élever par des moyens artificiels, soit en mêlant du moût bouillant dans la masse pour la porter à la température convenable, soit en chauffant le cellier par des poëles pour y maintenir cette température.

Dans le chapitre ayant rapport à la mise en cuve du moût, j'indiquerai les moyens les plus propres à élever le degré de chaleur, naturellement ou artificiellement.

Il me reste à parler, ici, des ustensiles devant servir à la fabrication.

Ceux qui possèdent déjà le matériel nécessaire pour faire le vin de vendange, n'ont besoin de rien de plus: ceux qui veulent fabriquer, pour la première fois, le vin de raisins secs, doivent avoir au moins deux cuves.

Quant aux fabricants, proprement dits, mon appareil pour la fabrication mathématique de vin en général et de ceux de raisins secs en particulier, est pour ainsi dire obligatoire. Ils peuvent me demander sans crainte tous les renseignements dont ils pourront avoir besoin.

Je leur procurerai, s'ils le désirent, suivant leur mode de manipulation, les autres ustensiles à mesure que leurs besoins leur en feront sentir l'acquisition nécessaire. Ce sont les pots, les décalitres, les pompes, les tonneaux, etc.[9]

CHAPITRE IV

Soins à donner aux raisins avant la mise en cuves

Une fois certain de la propreté des cuves, qui vont recevoir le moût, il est bon de s'assurer aussi de celles des raisins qu'on va employer; pour cela, le moyen le plus simple est celui qui consiste à vider les sacs et à en écarter les matières ou corps étrangers qui peuvent s'y trouver mélangés.

Dans le chapitre ayant trait aux avantages qu'on peut tirer des marcs, j'indiquerai les diverses combinaisons que le viticulteur peut employer. Or, il est nécessaire que le marc de raisins soit le plus propre possible. Je recommande aussi, tout particulièrement, de briser les boules que forment les raisins entassés dans les sacs, avant de les jeter dans la cuve. Ce point est capital, voici pourquoi:

1° Ainsi que je l'ai dit au chapitre II, les raisins fortement pressés dans les caisses ou sacs et bien séchés à point, mélangent leur partie liquoreuse et forment de grosses boules de raisins amalgamés et comme soudés entre eux. Il arrive, parfois, qu'un commencement de fermentation s'est produit dans l'intérieur de ces mottes, et, suivant le vin qu'on se propose de faire, il est bon de sortir les grappes que l'on voit dans cet état; elles pourraient donner au produit un goût désagréable que l'on ne fait disparaître que très difficilement.

2° Les sacs de raisins, vidés sans ces soins dans la cuve, occasionnent des accidents de fermentation auxquels il est bien difficile ensuite de remédier. Ainsi, on remarque parfois, que la fermentation tumultueuse au début, reste quelque temps à reprendre et qu'elle s'établit irrégulièrement; d'autres fois, au moment d'atteindre son apogée, qu'elle s'arrête subitement. (Cet accident peut provenir aussi d'autres causes dont je parlerai plus loin).

Voici quel est le motif de ces irrégularités: Les raisins étant amalgamés et réunis en mottes dans la cuve, il en résulte que l'eau, ne pouvant pénétrer dans leur intérieur n'en mouille que la surface et laisse une grande quantité de raisins presque intacts. Ce point est trop important pour que tous les viticulteurs ne s'en pénètrent pas profondément, et ne se résignent pas au surcroît de main d'œuvre, presque insignifiant, d'ailleurs, que pourra causer le brisage des mottes de raisins.[10]

CHAPITRE V

Du Mouillage des Raisins secs

Cette opération a pour but de remettre les raisins dans l'état se rapprochant le plus de celui dans lequel ils se trouvaient à l'état frais. Le fabricant, visant à produire du véritable vin, emploie ce moyen artificiel pour rendre aux raisins la partie aqueuse naturelle que le soleil a fait disparaître au moment de leur dessiccation. Cette opération n'est donc, à proprement parler, qu'une préparation; cependant, c'est par ce dernier point que la fabrication des vins de raisins secs se rattache complètement à celle des vins de raisins frais, car, immédiatement après ce chapitre, les deux opérations étant complètement égales, la conduite de la fermentation des vins de raisins secs est identique à l'autre.

Les raisins de Corinthe font seuls exception à la règle générale. On peut supprimer le mouillage pour cette qualité de fruit. Le foulage est aussi inutile. On doit verser les Corinthe directement dans la cuve à fermenter, en les dispersant bien[11]. Cette restriction faite, je maintiens que le mouillage et le foulage sont nécessaires pour les autres qualités de raisins secs, et que le fabricant subit un préjudice notable en ne mouillant et ne foulant pas les Thyra, Samos, Vourla, etc.

J'ai dit, dans le chapitre précédent, qu'il était nécessaire d'avoir deux cuves: voilà l'emploi de la première que nous dénommerons *cuve à tremper.*

Sa situation doit être, dans le cellier, supérieure à celle destinée à la fermentation, afin d'éviter des mains d'œuvre qui occasionnent toujours des pertes de temps et d'argent.

On commence par verser dans la cuve la quantité d'eau nécessaire pour celle du vin que l'on veut obtenir avec les raisins secs; on les y verse ensuite, en bien les remuant, afin de les disperser, et de permettre à chacun d'eux de prendre de nouveau cette partie aqueuse qui leur a été enlevée, et de redevenir gros et gonflés comme à l'état frais.

Je conseillerai, à ceux qui pourront le faire, d'employer, pour le mouillage de raisins, les eaux les plus pures. En première ligne l'eau distillée. Les produits obtenus par ce moyen sont excellents et évitent souvent les désagréments qu'occasionnent les eaux de puits, de sources ou de rivières; la plupart contiennent des sels et des carbonates de chaux qui donnent naissance, soit à de mauvaises fermentations soit, quand le vin est fait, à des goûts désagréables et à des précipités permanents. Toutefois, toutes les eaux peuvent servir à faire du vin; et l'eau de rivière reposée est encore, après l'eau distillée, celle qui est préférable.

Afin de guider le fabricant à ses débuts, je vais indiquer, au moyen de tables, la quantité d'eau que l'on doit verser dans la cuve à tremper avant d'y mettre les raisins.

Cette table est presque une règle générale, mais, il peut y avoir lieu à des variations, suivant les plus ou moins bonnes qualités des fruits; ce dont le fabricant devra juger, avec l'expérience, par lui-même. C'est pourquoi les chiffres que je donne, quoique ordinairement exacts, ne pourraient servir de base immuable.

Tableaux des quantités d'eau nécessaires pour fabriquer du vin

1er TABLEAU

100 kilog. raisins secs Corinthe avec:

150 lit. d'eau don. environ 150 lit. de vin de 19 à 22°

175 »»»» 175 » » 16 à 18°

200 »»»» 200 » » 14 à 15°

225 »»»» 225 » » 13 à 14°

250 »»»» 250 » » 12 à 13°

275 »»»» 275 » » 11 à 12°

300 »»»» 300 » » 10 à 11°

325 »»»» 325 » » 8 à 10°

2me TABLEAU

100 kilog. raisins secs Thyra avec:

150 lit. d'eau don. environ 150 lit. de vin de 19 à 22°

175 »»»» 175 » » 16 à 18°

200 »»»» 200 » » 14 à 15°

225 »»»» 225 » » 13 à 14°

250 »»»» 250 » » 12 à 13°

275 »»»» 275 » » 11 à 12°

300 »»»» 300 » » 10 à 11°

325 »»»» 325 » » 8 à 10°

3me TABLEAU

100 kilog. raisins secs Samos avec:

150 lit. d'eau don. environ 150 lit. de vin de 18 à 20°

175 »»»» 175 » » 15 à 17°

200 »»»» 200 » » 13°5 à 14°5

225 »»»» 225 » » 12 à 13°

250 »»»» 250 » » 11 à 12°

275 »»»» 275 » » 10 à 11°

300 »»»» 300 » » 8°5 à 10°

325 »»»» 325 » » 6°5 à 8°

4me TABLEAU

100 kilog. raisins secs Vourla avec:

150 lit. d'eau don. environ 150 lit. de vin de 18 à 20°

175 »»»» 175 » » 15 à 17°

200 »»»» 200 » » 13°5 à 14°5

225 »»»» 225 » » 12 à 13°

250 »»»» 250 » » 11 à 12°

275 »»»» 275 » » 10 à 11°

300 »»»» 300 » » 8°5 à 10°

325 »»»» 325 » » 6°5 à 8°

Une fois que, dans la cuve à tremper, l'eau et les raisins se trouvent réunis, le fabricant n'a plus à se préoccuper que du moment favorable à la mise en cuve de fermentation.

Le mouillage dure l'hiver de 48 à 50 heures, et l'été 40 heures environ. Il convient de ne pas laisser prolonger plus longtemps cette immersion durant les chaleurs, afin d'éviter les accidents que pourrait occasionner le dégagement de l'acide carbonique dans la cuve, à la suite d'un commencement de fermentation.

On ne peut jamais, surtout pour cette fabrication, prendre trop de précautions pour empêcher les accidents.

Que les fabricants soient bien persuadés que les dangers de l'asphyxie par les dégagements de l'acide carbonique, dans la fermentation des vins de raisins secs, sont autant, sinon plus à craindre que dans la fermentation des vins de raisins frais.

CHAPITRE VI

Du Foulage

On comprend sans peine la nécessité d'écraser les raisins afin d'obtenir le moût et de le préparer à la fermentation. Cette opération, dont tous les viticulteurs ont toujours reconnu l'efficacité, s'imposait donc naturellement à notre fabrication. Cependant, on s'étonne de voir avec quelle persistance la critique l'a toujours poursuivie. Il est assurément peu de pays au monde où le foulage soit fait autrement que par des hommes nus, foulant les raisins avec leurs pieds.

Certainement, les hommes accomplissant cette fonction y apportent certains avantages, tels qu'un foulage intelligent, la rupture des grains sans écrasement des pépins, que la peau des pieds laisse intacts.

Mais, que des pays aussi où l'on refuse aveuglément le concours d'instruments animés pour le foulage des raisins, sous prétexte de l'écrasement des pépins et d'un foulage irrégulier, où les hommes écrasent les raisins et les pépins avec des souliers et des sabots!

Dans mes voyages dans les départements de l'Hérault, de l'Aude, des Pyrénées-Orientales, je remarquai presque partout le foulage ainsi pratiqué.

Cependant les machines en général, rendent de 4 à 5 0/0 de vin de plus que par le foulage avec les pieds. Ce n'est peut-être pas toujours un avantage réel, mais ce qu'on est sûr de gagner, c'est énormément de temps est beaucoup de propreté.

On comprend facilement l'importance d'un bon foulage. Il est essentiel que cette opération soit faite entièrement, car si on laisse dans la cuve en fermentation, des grains entiers, le jus qu'ils contiennent ne fermente pas, et c'est ce qui bien souvent, surtout dans la fabrication des vins de raisins secs, occasionne, après le soutirage et le pressage, des fermentations secondaires et parfois presque tumultueuses.

Aussi, j'appelle toute l'attention du fabricant sur cette opération, dont on n'apprécie généralement pas assez l'importance. Loin d'être une opération purement mécanique, comme on le croit vulgairement, c'est une véritable opération chimique.

Le but est de réunir et de mettre en contact toutes les parties séparées du raisin, de l'aérer et de lui fournir tout l'oxygène dont le moût a si grand besoin de s'imprégner pour commencer la fermentation.

Il ne faut pas craindre de remuer et d'agiter les raisins, soit en les foulant avec des hommes et en les jetant par pelletées dans la machine[12]. On doit aussi faire couler le moût d'un peu haut, en divisant, le plus possible, le liquide dans la cuve à fermenter.

L'air, loin de produire l'effet désastreux que l'on constate dans les vins faits, est l'agent le plus actif de la fermentation; aussi s'établit-elle promptement et activement quand on a pris les mesures nécessaires et donné les soins que je viens d'énoncer.

Il est convenable que l'appartement dans lequel est la cuve à tremper, soit plutôt humide et chaud que sec et froid.

Comme je l'ai dit, une seule qualité de raisins secs fait exception à la règle générale; ce sont les Corinthe. Leurs grains très petits et surtout leur fine pellicule évitent aux fabricants cette opération[13]. Dès leur contact avec l'eau, les Corinthe se gonflent et commencent à fermenter, à condition qu'on les brasse bien à mesure qu'ils tombent dans la cuve, et qu'on répète l'opération pendant les deux premiers jours.

Avec l'appareil pour la fabrication mathématique des vins de raisins secs, on évite le foulage, et chose importante, le pressurage. L'appareil fournit l'eau chaude dont on charge la cuve. Les raisins secs se gonflent immédiatement, et laissent échapper leur sucre, qui se liquéfie. On évite une main d'œuvre considérable en pratiquant ainsi. Nous reviendrons sur ce point en parlant des divers modes de fermentation.

CHAPITRE VII

De la Fermentation

Pour obtenir une fermentation prompte et régulière, il faut, comme je l'ai dit dans le Chapitre III, que la température du cellier au moment de la mise en cuve, ait au moins 20 degrés de chaleur. Dans la fermentation du moût de raisins frais, cette condition est à rechercher, mais elle n'est pas, comme ici, indispensable.

Cette eau, nouvellement ajoutée au fruit, n'est point encore intimement unie avec lui, et des soins vigilants au début de ces fermentations sont impérieux. Si vous avez plusieurs cuves, évitez qu'elles se trouvent au courant d'air, devant une porte ou une fenêtre; leur place est toute indiquée dans les côtés du cellier.

Dans le cas où les cuves seraient déjà placées, voici un moyen pratique et bien simple pour conserver leur chaleur et les préserver de l'influence de l'air ambiant. Sitôt qu'elles sont chargées, on essuie parfaitement leur surface, et on les entoure le mieux possible d'un paillasson de 10 à 12 centimètres d'épaisseur dont la paille, de froment, de seigle, etc., doit-être le moins serrée possible. On recouvre ensuite le paillasson d'une grande bâche en toile que l'on attache solidement avec des cordes. Ce moyen très simple et peu coûteux, donne des résultats merveilleux. Il ne laisse plus la chaleur, développée naturellement par le liquide en fermentation, se perdre, et il conserve à cette fermentation son degré de calorique presqu'en entier. Le moût reste ainsi, après un bon début, dans les bonnes conditions de température. Le froid même n'atteint pas sa chaleur qui demeure jusqu'au bout.

Par ce procédé, une fois la fermentation commencée, on évite bien des ennuis, car il est inutile de chauffer le cellier et de maintenir la température à grand renfort de chauffage, ce qui est très coûteux. Une température de 10 degrés suffit, car la fermentation développe assez de chaleur par elle-même pour se suffire et arriver jusqu'au bout avec de bons résultats.

Il est, cependant des cas où les fabricants devront employer des moyens énergiques pour faire atteindre au moût les 20 degrés de chaleur, nécessaires pour sa mise en fermentation. Il est certain que, durant l'hiver de 1879, où le thermomètre dans presque toutes les parties de la France a accusé de 5 à 25 degrés au-dessous de zéro, le chauffage des celliers ont été trop dispendieux et pour quelques-uns impossible. On emploie alors la méthode qui consiste à réchauffer le moût.

Cette idée très ancienne nous vient des Grecs, qui avaient compris tout l'avantage qu'on peut tirer de cette méthode qui se trouve consignée dans le recueil des Géoponiques, livre VII chap. IV.

Cette opération au premier abord frappe par sa simplicité: «Verser dans la cuve à fermenter, une partie du moût à la température de 60 à 80 degrés environ, afin de mettre la masse en fermentation au degré nécessaire, soit 15 à 20 degrés»[14]. L'idée est ingénieuse et assez pratique. Cependant je ne saurais trop appeler l'attention sur les altérations que cette application peut amener dans le vin.

Je signalerai, à ceux qui l'emploient ou qui désirent l'employer, ces deux grands inconvénients: 1° Par le chauffage du moût dans un vase en métal, on ne peut éviter la dissolution d'une partie bien faible, je le reconnais, de ce métal. Or, cette partie, si faible qu'elle soit, n'en constitue pas moins dans le vin un principe non seulement défavorable à la fermentation, mais encore quelquefois un véritable danger pour les consommateurs.

Le deuxième inconvénient résulte du goût de *cuit*, de *brûlé*, que le moût réchauffé donne au vin. Il est impossible d'empêcher l'altération du sucre, du tartre, de l'acide tartrique, etc., de se produire au contact du feu, malgré toutes les précautions qu'on a pu prendre.

On voit donc, d'après ce qui précède, que le chauffage du moût, dans ces conditions, est mauvais.

Maumené[15] conseille de se servir d'un vase de grès et de chauffer au bain-marie.

On peut calculer, aisément, la quantité de moût, dont le chauffage sera nécessaire, pour amener la cuve toute entière au degré convenable.

Ainsi, le nombre d'hectolitres à chauffer au bain-marie, s'obtient en multipliant le nombre total des hectolitres de la cuve, par le nombre des degrés auxquels on veut faire monter la température, et en divisant le produit par le nombre des degrés auxquels le moût, chauffé au bain-marie, peut être élevé au-dessus de la température primitive.

Je viens d'indiquer divers moyens de chauffer le moût afin de mettre la fermentation en branle. Pour le chauffage du moût directement dans la cuve, j'en ferai l'objet d'un chapitre spécial.

C'est au reste l'unique chauffage pratique, sans main d'œuvre et à bon marché, le mode le meilleur et le plus sûr pour fabriquer mathématiquement les vins en général et le vin de raisins secs en particulier[16].

On peut aussi chauffer les cuveries.

Chacun est à même de remplir les conditions nécessaires pour un bon chauffage. Il est certain que le calorifère est un moyen, mais inabordable pour la plupart des bourses de nos agriculteurs. Les poëles donc, rempliront bien l'office de chauffeurs. On aura soin d'éviter que la fumée se répande dans le cellier, surtout avec des cuves ouvertes. La liqueur vineuse est susceptible de s'emparer de l'odeur du charbon, ou du bois, si la fumée séjournait trop longtemps dans la cuverie.

On peut aussi chauffer l'eau au moyen des cylindres semblables à ceux qu'on emploie pour chauffer les bains. On arrive ainsi facilement à élever, jusqu'au 25me degré, la température et à l'y maintenir.

Je conseille d'employer ce procédé sur de petites quantités d'abord, et de s'assurer ainsi à l'avance des résultats qu'il procure.

Le Contrôle des Fermentations

Je vais indiquer, ici, le meilleur mode de contrôle, pour pouvoir se rendre compte immédiatement de la marche de la fermentation.

Il convient de placer d'abord, si on chauffe la cuverie, à l'endroit le plus éloigné du foyer de chaleur, un thermomètre qui indiquera le degré de température du cellier.

A chaque cuve, on place un ou plusieurs petits thermomètres spéciaux coudés de J.-F. Audibert, à 50 centimètres environ de sa base.

Ce thermomètre, que j'emploie parce qu'il est le plus commode et le meilleur marché, doit pénétrer dans la cuve, de façon à présenter et à baigner son réservoir d'esprit ou de mercure dans le moût. On place facilement ce thermomètre dans un bouchon de bouteille qui le maintient à la cuve. On est fixé, avec un coup d'œil, sans rien déranger, du degré de chaleur que possède le jus de raisins. Si le thermomètre n'indique, pendant les deux premiers jours, que 12 ou 15 degrés de chaleur, ou s'il baisse, chauffez le moût fortement, et, à défaut, le cellier, jusqu'à ce que vous remarquiez son ascension. Arrivé à 18 ou 20 degrés environ, la chaleur naturelle que développe la fermentation, suffira pour la mener à bonne fin. Si ayant suivi les conseils que j'ai donnés plus haut, votre cuve est bien enveloppée avec des paillassons, le thermomètre indiquera de 25 à 41 degrés; c'est le degré maximum que j'ai remarqué dans nos fabrications avec les raisins secs. Il est évident qu'il ne faut pas pour cela laisser refroidir l'appartement l'hiver, et qu'une température de 15 degrés au moins est nécessaire pour faciliter la fermentation alcoolique.[17]

CHAPITRE VIII

Fabrication mathématique des Vins de Raisins secs et autres Vins

Depuis mes premières éditions, et à la suite de la quantité considérable de lettres que j'ai reçues, j'ai recherché un moyen de fabriquer mathématiquement les vins en général et ceux de raisins secs en particulier.

J'ai comblé cette lacune en créant un appareil aujourd'hui breveté, qui résout cette importante question[18].

Voici le principe sur lequel mes recherches étaient dirigées: Faire accomplir, sous tous les climats et dans toutes les saisons, le changement complet de la partie sucrée en alcool et en acide carbonique, et cela avec juste le temps nécessaire à cette transformation, et le plus économiquement possible.

C'est l'eau chaude, que l'appareil fournit à un prix presque nul, au degré que l'on désire, qui est la base de mon innovation. Il est complètement inutile, avec ce mode de fabrication, de chauffer les celliers. Au contraire, le moût ayant fortement besoin d'oxygène pur, se fortifie au contact de l'air naturel du cellier non infesté de la fumée à laquelle donnent naissance les poëles ou réchauds. La métamorphose du sucre en alcool est complète dans cinq ou six jours. Les accidents de fermentation, tels que: refroidissements, arrêts, etc., ne peuvent plus se produire; la température étant constamment dans les cuves de fermentation à vingt-cinq degrés au-dessus de zéro.

En employant ce mode de fabrication, les vins de raisins secs n'ont, pour ainsi dire, plus le goût *sui generis* décelant leur origine, puisque le séjour sur les grappes, de l'eau servant à la fabrication, est insignifiant.

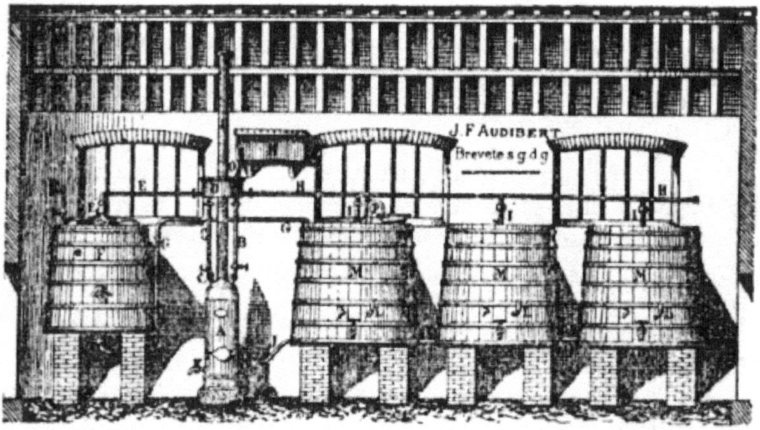

Appareil (B. s. g. d. g.) J.-F. Audibert, pour la Fabrication mathématique et complète des Vins de Raisins Secs garantie en dix jours et pour toutes les fermentations. (fig. 1)

L'appareil est le seul pour la fabrication des vins de raisins secs, imitant à s'y méprendre les vins blancs de l'*Entre-deux-Mers* (Gironde), et pour toutes les fermentations en général. Il offre au fabricant les avantages suivants et garantis.

1° Fabrication complète du vin, macération, fermentation et collage, en 10 jours;

2° Plus de pressurage des marcs;

3° Plus d'égards à la température extérieure: qu'il fasse chaud ou froid, la fermentation est la même;

4° Rendement de 10 0/0 en plus sur les raisins;

5° Plus de fermentations secondaires qui rendent les vins troubles, plombés et impossibles à clarifier;

6° Enfin l'installation ne nécessite aucun travail de maçonnerie, tout se raccordant par des brides et raccords en cuivre. Quant à sa direction, un homme peut *sans peine produire* jusqu'à 100 hectolitres par jour.

L'appareil se compose:

1° De l'appareil proprement dit (en cuivre);

2° D'une cuve en bois de la contenance de 50 hectolitres disposée pour produire instantanément le moût du raisin sec;

3° D'un chauffeur, dénommé *fromage* à cause de sa forme, pour opérer la fermentation du moût dans la cuve qui le reçoit;

4° Des tuyautages et robinets de l'appareil proprement dit, de ceux de la cuve qui produit le moût et de ceux de la cuve de fermentation où se place le chauffeur, dit *fromage*.

Le tout en cuivre étamé.

Ces appareils sont simples et relativement peu coûteux. Je me mets entièrement à la disposition de mes lecteurs pour tous les renseignements, quels qu'ils soient, se rattachant à la fabrication mathématique des vins de raisins secs, dont ils pourront avoir besoin, et au sujet des détails complémentaires concernant l'appareil.

CHAPITRE IX

Des dangers de l'Acide carbonique

Avant de traiter à fond la question des divers modes de fermentation, je considère comme un devoir d'appeler l'attention des personnes qui se livreront à la fabrication des raisins secs, sur les dangers et les inconvénients qu'occasionne le dégagement de l'acide carbonique dans la fermentation.

Ces dangers, une fois connus, s'évitent facilement; c'est pourquoi je tiens surtout à mettre en garde les fabricants.

La fermentation alcoolique du moût dégage énormément d'acide carbonique. La chimie nous apprend que les proportions en sont mêmes énormes: 100 parties de sucre, en se décomposant par la fermentation, donnent environ moitié d'alcool et d'acide carbonique. Ce gaz est irrespirable et peut occasionner la mort. Il est donc important de connaître les moyens de combattre et surtout d'éviter ses funestes effets.

Il est, disent les savants, par lui-même inodore et sans saveur; il n'a pas non plus de couleur. Il est entièrement semblable à l'air pur. Aucun de nos sens n'est apte à nous le faire connaître directement. On ne peut juger de sa présence que par certains phénomènes chimiques. Dans de telles conditions, il est facile de comprendre que nous pouvons être exposés à le respirer même pur, sans être à l'avance avertis du danger.

Les accidents qu'il produit chaque année, aux vendanges, doivent suffisamment rappeler à notre esprit la gravité de cette importante question et nous empêcher de commettre des imprudences.

Pour les personnes qui ne connaissent pas la chimie, leur esprit sera suffisamment fixé, quand elles sauront que ce gaz est le même que celui que dégage le charbon au moment de sa première combustion.

Ce gaz est plus lourd que l'air, et tombe, formant sur la surface du sol une couche qui s'élève jusqu'à ce qu'elle trouve une issue.

Aussi doit-on se méfier des celliers qui sont dans les caves et où l'on descend par plusieurs marches.

Pénétrez toujours dans vos cuveries, une lampe à la main, et à la hauteur de votre ceinture. Si vous apercevez un tremblotement ou un trouble dans la clarté, il faut se méfier; si la lampe s'éteint ne vous aventurez pas, car on peut y laisser la vie. Ce gaz fait périr en un instant les animaux qui le respirent; des expériences nombreuses ont été faites sur des oiseaux et elles sont convaincantes.

Qui n'a entendu parler ou ne connaît la grotte célèbre située près de Naples dite: Du Chien. Dans cette grotte, l'homme pénètre impunément sans ressentir aucun symptôme de malaise, alors que le chien qui l'accompagne, meurt bientôt étouffé si on ne le rend promptement à la liberté.

Voici l'explication de ce fait:

Les terrains volcaniques, de ce pays, exhalent de l'acide carbonique qui se forme par sa pesanteur à une couche d'environ 50 centimètres au-dessus du sol. L'homme, en pénétrant dans la grotte, a la partie supérieure du corps complètement au-dessus, et peut y vivre impunément en restant debout, tandis que le chien, dont le corps en entier baigne dans cette atmosphère irrespirable, ne peut y demeurer sans périr.

On cite aussi un exemple de ce phénomène dans la Forêt-Noire: Un ruisseau qui se dessèche en été, et dont l'eau se trouve remplacée par une couche d'acide carbonique qui se dégage du sol, sert de prétexte à une chasse assurément bien bizarre et imprévue par la législation, en temps prohibé.

La couche du gaz s'élève à peu près à 90 centimètres, où elle se maintient, en raison de la tranquillité de l'air, à l'abri des plantations qui l'entourent. Les oiseaux, qu'attire la fraîcheur, viennent sans cesse voltiger autour du ruisseau jusqu'à extrême sécheresse. Tant qu'ils demeurent assez éloignés ou à une certaine hauteur, rien ne les trouble; mais, sitôt qu'ils s'approchent du lit du ruisseau, le vertige les saisit et ils tombent frappés de mort au bout de quelques secondes. Les bûcherons n'ont qu'à venir tous les jours ramasser le gibier, bénissant l'acide carbonique de l'aide merveilleuse et désintéressée qu'il leur apporte.

Règles générales et utilisation de l'Acide carbonique

Dès qu'une cuve est en fermentation, ce qu'on voit immédiatement en y présentant une bougie allumée qui s'éteint, ne pénétrez plus dans votre cave ou cellier sans prendre les précautions nécessaires.

Dans les fermentations à cuve ouverte, l'acide carbonique après avoir rempli le vide qui reste dans l'intérieur de la cuve, arrive au sommet et se déverse par les parois extérieures exactement comme un vase plein d'eau. Si vous voulez vous assurer de la marche de votre fermentation, en regardant dans l'intérieur de la cuve, veillez en montant sur l'échelle opposée contre elle, à ce que le gaz ne vous atteigne pas au visage, pour éviter la sensation désagréable qu'il procure en le respirant et les dangers qu'il fait courir.

Il est extrêmement important aussi, avant de pénétrer dans une cuve, soit pour la remplir, soit surtout pour la vider, de bien s'assurer qu'on peut le faire sans danger. Pour cela servez-vous toujours de la bougie allumée, qui est le plus sûr et le plus fidèle des avertissements.

Je vais donner le moyen qu'on peut employer pour éviter les accidents dont je viens de parler. Ceci s'adresse surtout aux fabricants qui vont établir leur cuve à fermenter dans les caves ou sous-sols, où l'on ne peut parvenir qu'en descendant de nombreuses marches d'escalier, et où les fenêtres, pour donner le jour et l'air, sont presque situées au-dessous du plancher supérieur, il faut saturer le gaz à mesure qu'il se précipite sur le sol du cellier, en disposant, sur plusieurs points, du lait de chaux ou de la chaux vive. On peut parvenir à désinfecter un lieu vicié par cette mortelle mofette, en projetant sur le sol et contre les murs de la chaux vive délayée et fusée dans l'eau. Une lessive alcaline caustique, telle que la lessive des savonniers ou l'ammoniaque, produira de semblables effets. Dans tous ces cas, l'acide gazeux se combine instantanément avec ces matières, et l'air extérieur se précipite pour en occuper la place.

Dans les cuves fermées, dont je vais parler au chapitre suivant, ces dangers disparaissent presque complètement, car elles permettent de se débarrasser assez facilement de cet ennemi redoutable. Au contraire, l'acide carbonique n'ayant qu'une petite issue, peut être facilement neutralisé à sa sortie et même employé fructueusement par les producteurs: La grosseur de l'issue, que l'on ménage au gaz, doit être proportionnelle à la grosseur des cuves. Une ouverture de 3 centimètres de diamètre suffit pour une cuve de 100 à 200 hectolitres. Cette issue ne doit point demeurer simplement ainsi, car le but qu'on se propose en fabricant avec les cuves fermées serait complètement manqué. L'air, en s'y introduisant quand la fermentation touche à sa fin, et que le dégagement de l'acide carbonique est faible, produirait, sur la cuvée, les accidents qu'on a voulu éviter avec ce genre de fabrication. Voici la fermeture qu'on doit employer pour éviter ces effets: On fixe, au trou servant à l'échappement de l'acide, un tuyau de verre ou de caoutchouc que l'on fait plonger dans un vase plein d'eau. L'acide carbonique traverse l'élément liquide, mais il en demeure une grande partie dans la cuve, à cause de la légère pression et résistance que l'eau exerce sur lui à sa sortie. L'air, au contraire, ne peut plus y pénétrer, car l'eau lui oppose une infranchissable barrière.

Il est un moyen bien simple de se servir de l'acide carbonique et d'en faire un véritable agent producteur et lucratif, en fabriquant du bi-carbonate de soude.—On se procure du carbonate de soude, bien pur, en cristaux, que l'on place dans une barrique, au fond de laquelle on a ménagé un faux fond percé de trous, à 20 centimètres de la basse.

On ferme hermétiquement ce récipient, et on y amène l'acide carbonique par un tuyau de verre ou de caoutchouc, après l'avoir préalablement débarrassé de sa vapeur alcoolique, en le faisant passer dans le vase ou baril, aussi hermétiquement fermé, à moitié plein d'eau, dont j'ai parlé ci-dessus.—L'effet produit par l'acide carbonique, est celui-ci: Le carbonate de soude, qui se trouve en cristaux, laisse échapper sa partie aqueuse au contact de l'acide carbonique jusqu'à sa complète saturation et jusqu'à son complet changement. On doit, de temps en temps, recueillir, au moyen d'un trou de cheville ménagé au bas de la barrique contenant le carbonate de soude, l'eau dont celui-ci se sépare.

Cette eau contient encore beaucoup de bi-carbonate que l'on recueillera facilement en laissant reposer, évaporer et cristalliser.

L'effet de ce simple appareil est suffisant. On utilise ainsi la grande quantité d'acide carbonique que produit la fermentation, production qui est une véritable richesse que presque tous les agriculteurs ont laissé perdre jusqu'à ce jour. Nul n'ignore, malgré les récentes découvertes de la chimie, combien la production de cet acide est encore coûteuse.

Peu de gens se font une idée de la quantité extraordinaire d'acide carbonique développée par la fermentation alcoolique. Voici ce que nous apprend la chimie à ce sujet: 100 hectolitres de vin produisent assez d'acide carbonique pour faire 2,000 kilogrammes de bi-carbonate.

J'ai tenu à faire part, ici, à mes lecteurs, de cette idée, trop heureux si un jour j'apprends qu'elle a profité à quelques-uns.

CHAPITRE X

Les divers modes de fermentation

La fermentation des vins de raisins secs s'obtient de plusieurs manières. Je vais les passer ici en revue, donnant mon appréciation sur chacune d'elles, et indiquant celles qui me paraissent les plus favorables à la production. Je les ai divisées en trois classes:

1° La fermentation à cuve ouverte;
2° La fermentation à cuve fermée;
3° La fermentation mathémathique.

La fermentation à cuve ouverte

En général, cette méthode, la première qui s'offrait pour la transformation du moût en vin, a été adopté. Au premier abord, il a semblé superflu de recouvrir la cuve, quoique connaissant l'effet pernicieux[19] de l'air sur le *chapeau*, c'est-à-dire la couche épaisse de grappes qui remonte par l'effet de la fermentation au-dessus du moût.

Voici le raisonnement, du reste assez fondé, qui a fait prendre racine à cette idée. Le moût de raisins en fermentation, dégageant beaucoup de gaz acide carbonique plus lourd que l'air, est donc recouvert hermétiquement par ce gaz qui repose immédiatement sur lui dans l'intérieur de la cuve. Le fait est vrai mais ne peut pas servir de règle invariable. Je vais citer quelques exemples afin de le démontrer. Au début, quand toutes les règles ont été observées, la fermentation est presque toujours tumultueuse et active. A ce moment, il est certain que la fermeture produite par l'acide carbonique équivaut au meilleur couvercle. Mais, cette fermentation très forte, au départ, se ralentit chaque jour davantage à mesure qu'elle arrive vers la fin. Il arrive bien souvent que ce dégagement de gaz est si faible, qu'il ne résiste pas à l'action de l'air qui se mêle avec lui au fur et à mesure de sa production.

L'effet est tel, qu'on peut impunément rester dans une cuve, dans cet état, sans être incommodé, car la bougie ne s'éteint pas. Le *chapeau*, cette masse poreuse, toute remplie de zyméïne altérée, détermine au contact de l'air une oxidation très rapide du moût qui l'imprègne et produit du vinaigre assez vite pour suivre la formation de l'alcool développé par le restant du sucre et faire un vin détestable.

Voici encore un fait qui arrive le plus souvent. Le viticulteur qui veut remplir plusieurs cuves, le fait généralement de façon à ce que la distance, qui sépare le moût du sommet de la cuve, soit assez grand pour qu'il ne s'en verse pas au moment de sa grosse effervescence. Quand la fermentation s'établit, le *chapeau* s'élève et dépasse les bords, s'offrant ainsi complètement, à l'action de l'air. Il ressort par conséquent de ce qui précède, la conclusion suivante: Il est nécessaire d'empêcher la mauvaise influence de l'air sur le *chapeau* au moment de la fermentation. Il convient donc de couvrir *légèrement* la cuve.

Une fermeture hermétique occasionnerait, par l'empêchement formé à la volatilisation du gaz, une explosion des parois. Pour éviter cela, le moyen le plus sage et le plus facile est celui qui consiste à couvrir la cuve avec des planches sur lesquelles on étend des couvertures ou de vieilles toiles. De la sorte, on n'interrompt pas toute communication avec l'air ambiant, et on ne craint ni les explosions, ni un ralentissement dans la fermentation: on a l'avantage de la régulariser, d'en rendre la marche plus égale, d'entretenir une température plus élevée, de prévenir l'acétification du marc et des écumes qui forment le *chapeau*, et de soustraire enfin la fermentation à toutes les variations de la température.

L'expérience m'a déjà prouvé souvent que cette méthode est bonne, et qu'elle contribue puissamment à obtenir une bonne fermentation. Elle est facile à mettre en pratique et peu coûteuse dans l'exécution. Ma correspondance avec les agriculteurs m'a appris qu'elle a été suivie partout des meilleurs effets.

Cette méthode est, du reste, avantageuse pour plusieurs raisons: d'abord parce qu'elle empêche l'air de s'introduire dans la cuve pour détruire la couche de l'acide carbonique qui découvre le moût, comme je le disais précédemment; ensuite, et surtout quand la température est froide, quand la variation de chaud et de froid se font sentir pendant le cuvage et quand il s'établit des courants d'air dans le lieu où se trouve la cuve.

Chaptal, et quelques autres savants, prétendaient aussi qu'à tous ces avantages, la fermeture des cuves, ainsi faite, joignait celui de retenir des quantités notables d'alcool, ou si l'on préfère, de vin que l'acide carbonique entraînerait sans cette précaution.[20]

M. Maumené a, par de nombreuses expériences, prouvé la fausseté de cette assertion et conclu à une perte très faible par évaporation.[21]

J'ai tenu à citer ces deux savants afin de clore la discussion, que l'assertion fausse de Chaptal avait fait naître. Ce n'est point la déperdition de l'alcool proprement dit, qu'il faut éviter, mais bien tous les accidents que j'ai énumérés plus haut.

Il est encore un moyen dont je vais parler ici, qui rend de très grands services à la fabrication: le refoulage. Il exige de grandes précautions, il est vrai, mais il est sans danger quand il est pratiqué par des gens prudents.

Voici comment j'ai pratiqué, souvent, pour éviter les inconvénients que j'ai cités précédemment et faire arriver, à bien, mes fermentations.

Quand le *chapeau* commence à s'élever au-dessus du moût et à former son épaisse croûte de grappes, je le fais refouler dans le liquide, en pressant avec des pelles ou des fourches, de façon à ce qu'il baigne, de nouveau, en plein dans le moût. Cette opération a besoin d'être répétée, au moins trois fois par jour: le matin, à midi et le soir, sinon, la couche de marc devient si épaisse, si compacte et si dure, qu'il devient impossible de l'enfoncer sous le liquide. Un jour de retard suffit pour mettre le fabricant dans l'impossibilité de pratiquer le refoulage du *chapeau*. Son arrosage devient obligatoire quand il dépasse les bords de la cuve, qu'on ne peut par conséquent plus recouvrir, comme je l'ai indiqué. Pour l'arroser, on tire, d'un robinet placé au bas de la cuve, le moût que l'on jette sur le *chapeau*. Ce dernier moyen, dont je suis presque l'inventeur, facilite beaucoup la reprise de la fermentation, quand celle-ci s'est arrêtée ou ralentie, pour une cause quelconque, quelques jours après la mise en cuve. Cette nouvelle aérification du moût active les ferments engourdis et réussit presque toujours à amener de bons résultats. J'ai ainsi, bien souvent, fait revivre et repartir, avec une véritable impétuosité, des fermentations qui menaçaient de durer indéfiniment et dont l'apparence était incompréhensible.

J'ai signalé ce moyen aux agriculteurs, afin qu'ils l'emploient pour la fabrication de leur *piquette* et éviter à la boisson qu'ils fabriquent avec le marc de raisins ayant donné tout leur rendement, ce goût d'aigrelet qui lui est propre; il provient de l'abandon où ils laissent les cuves contenant le marc additionné d'eau, dont la fermentation est livrée à elle-même. On s'est habitué dans la campagne à ce goût qui a donné son nom à ce genre de boisson, mais il est certain qu'elle sera bien plus goûtée en perdant ce principe acide.

M. Maumené, que je me plais à citer souvent comme l'un des auteurs qui ont le plus étudié cette partie de la fabrication des vins, a trouvé un moyen simple et pratique d'éviter les inconvénients du refoulage du chapeau.

Voici son procédé que je suis heureux, ici, de reproduire.[22]

«A mesure de la charge de la cuve, on tend sur chaque sixième, ou chaque cinquième, ou chaque quart de la masse des raisins versés, un filet de cordes maintenu par des crochets de bois, renversés et fixés d'avance à l'intérieur de la cuve; jamais ainsi le chapeau ne peut se former d'une seule masse; il s'en fait plusieurs, un, sous chaque filet; chacun d'eux est d'une faible épaisseur, et ne s'oppose pas, sensiblement, aux mouvements du vin. On n'a plus à faire descendre dans la cuve et, par conséquent, à exposer même la vie des hommes occupés à ce travail.—La dépense n'est pas bien grande.»

Il est nécessaire, cependant, de placer au centre des cuves, un tube carré en bois, percé de trous, pour donner au gaz un dégagement plus facile, tout en conservant l'isolement des portions du marc par étage.

Je crois avoir indiqué les diverses manières qui me paraissent les plus employées pour la fermentation à cuve ouverte. Je vais, maintenant, passer à la description de celles qu'on peut employer pour la fermentation à cuves fermées.

La Fermentation à cuve fermée

La différence essentielle, qui sépare cette seconde façon de procéder de la manière précédente, repose presque uniquement sur ce point: Empêcher le contact de l'air avec le *chapeau* et prévenir ses effets nuisibles sur celui-ci.

Les cuves fermées ont de grands avantages. Dans le cas où la fermentation languit et où la présence de l'air pourrait faire naître des fermentations acides ou putrides, rien n'empêche de laisser se prolonger le cuvage pour obtenir la complète métamorphose du sucre en alcool: le chapeau ne pouvant ni se dessécher ni se corrompre.

On appelle cuves fermées: les cuves à couvercles hermétiques, les vaisseaux ou foudres.

Il est inutile que je rappelle ici, que tous ces récipients, au moment du cuvage, éclateraient bientôt, si on ne ménageait, à leur sommet, une petite issue pour le dégagement de l'acide carbonique. J'en parlerai du reste plus loin.

La fermentation à cuve fermée, trouva, vers le commencement de notre siècle (1882) un véritable apôtre dans la personne de Mlle Gervais, qui les mit à la mode, en leur faisant présenter le grand avantage, croyait-elle, d'empêcher et d'éviter des pertes de 10 à 15 0/0 sur le vin en fermentation.

Gay-Lussac[23] fit justice de l'exagération et démontra d'une manière irréfutable combien Mlle Gervais se trompait.

Il n'en demeure pas moins un fait certain, c'est que ce mode de fabrication, quand on peut l'employer, évite bien des tracas et des ennuis, tout en facilitant énormément la régularité de l'opération.

Un grand nombre de viticulteurs seraient peut-être désireux de fabriquer avec des cuves fermées, mais ils ne le peuvent pas, ne possédant que des cuves ouvertes.

On peut facilement obvier à cet inconvénient, en faisant faire un couvercle en bois, qui joigne le mieux possible sur la cuve, où on aura, préalablement, ménagé une échancrure intérieure de quelques centimètres au sommet des douelles.

La fermeture hermétique s'obtient très facilement, soit avec de la farine de lin bouillie, soit avec des tourteaux de la même matière broyés et préparés de la même façon.

La farine de lin constitue, par sa matière de corps gras, une sorte de mastic qui permet d'empêcher, partout où il est nécessaire, l'air de pénétrer, et cela sans grande dépense ni grosse main-d'œuvre.

Certains propriétaires de vignobles, dévastés par le phylloxéra, ont voulu utiliser leurs foudres pour la fabrication des vins de raisins secs. Je vais signaler les divers inconvénients que présente, si on n'y prend garde, ce genre de fabrication.

Le premier est le tassement, dans les foudres, des raisins qu'on précipite par la porte de la bonde; on l'évite en agitant simplement, avec un bâton, le tas que l'on étend de façon que les grains soient le plus dispersés possible.

Le second inconvénient, et le plus grave, est celui qui force le fabricant à pénétrer, après le soutirage, dans le tonneau, pour en extraire les grappes. On peut courir de grands dangers si toutes les précautions que j'ai signalées au Chapitre IX: *Des dangers de l'acide carbonique*, ne sont pas prises scrupuleusement.

La fermentation Mathématique

Ce troisième mode de fermentation est complètement inconnu et n'a jamais été mis en pratique avant que je l'eusse répandu. Les cuves ouvertes ou fermées importent peu à sa réussite. Des cuves ou des foudres servent indifféremment à fabriquer le vin de raisins secs ou de raisins frais, quand on l'emploie. Ce genre de fermentation repose sur les principes du maintien, dans les cuves à fermentation, d'une température, rigoureusement exacte, à tel degré de chaleur reconnu nécessaire. Mes appareils sont un peu coûteux, il est vrai, mais aussi que de main-d'œuvre et de temps économisés. Il est inutile de chauffer les cuveries et de réchauffer le moût. Les pays, les plus froids, peuvent maintenant, avec ce procédé, faire le vin dans quatre ou cinq jours, en toute époque de l'année.

Les vins de raisins secs, obtenus ainsi rivalisent avec nos bons vins blancs de France et sont souvent préférés, par les négociants, pour certains coupages, avec les vins étrangers d'Espagne et d'Italie.

A l'appui de ce que j'avance, je dirai à mes chers lecteurs, que la médaille dont m'a gratifié M. le Ministre de l'agriculture et du commerce, au concours régional de Marseille en 1879, m'a été décernée par Messieurs les membres du Jury, à cause de la supériorité évidente de mes vins de raisins secs, sortant de l'appareil, qui pouvaient lutter avec avantage contre les meilleurs vins naturels.

Depuis cette époque, neuf décorations ou médailles délivrées pour le même motif sont venues confirmer ces faits.

Je signale ce mode de fermentation aux fabricants, qui s'empresseront de l'adopter sitôt qu'ils le connaîtront, j'en suis certain.

Pour la plupart l'appareil est indispensable. (Voir sa description au Chapitre VIII, page 56).

CHAPITRE XI

De la Fermentation rapide à l'usage des grands ou des petits fabricants

J'ai dénommé ainsi ce mode de fabrication que j'ai conseillé à un certain nombre de fabricants. J'en fais l'objet d'un chapitre spécial, car, ce dernier moyen, ne peut être employé que par un petit nombre de producteurs, à cause des frais que nécessite l'installation d'une fabrique de ce genre.

Cependant, les personnes, dont le but ne vise qu'à une petite production, peuvent s'en servir aussi sans inconvénients.

Voici en quoi consiste ce genre de fabrication:

Après avoir épuré les raisins et les avoir débarrassés des matières étrangères qu'ils pouvaient contenir, on les verse dans les foudres ou barils devant servir à la fabrication, sans leur faire supporter l'opération du trempage ni de la trituration.

On chauffe, à 40 degrés au moins, la quantité d'eau qui doit servir à la fermentation des raisins, et on maintient la température du cellier ou de l'appartement dans lequel se trouvent les cuves ou barils, à 25 degrés de température au-dessus de zéro.

Il est nécessaire de bien remuer les raisins à mesure qu'on verse l'eau chaude, afin de leur permettre de s'imprégner uniformément.

La fermentation s'établit généralement dans les vingt-quatre heures et se trouve terminée quatre ou cinq jours après, à la condition de maintenir le moût à 25 degrés de chaleur.

Il est incontestable, comme je le disais, que l'outillage, nécessité par ce genre de fabrication, est assez important; l'eau chaude ne s'obtient en quantité suffisante, surtout pour la grande production, qu'au moyen de chaudières et d'installations spéciales.

Je rappelle à mes lecteurs, que l'appareil système J.-F. Audibert, pour la fabrication mathématique des vins de raisins secs, a résolu ce problème à très bon marché.

La fermentation rapide est aujourd'hui en vigueur dans le monde entier; dans les Bouches-du-Rhône, dans l'Hérault, dans l'Aude, dans le Gard, dans les Charentes, dans la Meuse, dans les Vosges, dans la Haute-Saône, dans la Seine, en Algérie, etc., en Italie, en Espagne, en Amérique, dans l'île Bourbon à Saint-Denis, dans la Nouvelle Zélande, etc., etc.

Un grand nombre de personnes qui ne désirent fabriquer que par petites quantités et pour leur usage personnel, pourront se servir avec succès, du genre de fermentation que je viens d'indiquer.

Les distillateurs l'emploient de préférence aux autres modes de fermentation, à cause de l'économie de temps qu'ils font; il est un avantage énorme que l'on gagne: C'est la neutralité du goût des produits que l'on obtient. Les ferments alcooliques, se développant avec force, par la chaleur, agissent violemment sur la partie liquoreuse du moût et opèrent la métamorphose du sucre en alcool et en acide carbonique, presque impétueusement, sans permettre au liquide de s'imprégner des divers goûts, *sui generis*, que les pellicules de raisins secs, et surtout les grappes, donnent aux vins obtenus par une fermentation ordinaire.

Garniture intérieure des Robinets

Avant de terminer ce chapitre, je vais dire quelques mots sur une cause bien petite, dont les effets sont quelquefois bien grands.

L'été, où le vin se pique si facilement, les conséquences de cet état de choses peuvent occasionner de véritables pertes. Beaucoup de fabricants versent les raisins dans les cuves ouvertes ou fermées, sans préalablement aviser au moyen le plus sûr et le plus commode, qui permettra aux vins de s'écouler rapidement du robinet obstrué par les grappes.

J'ai reçu, sur ce sujet, plusieurs lettres me demandant la meilleure manière de pratiquer.

Quelques-uns ont employé des grilles en métal qui s'obstruent très facilement. Le plus simple, le plus économique et le plus sûr moyen, est l'emploi de balais de Bruyère que l'on a soin de fixer intérieurement, dans la cuve, devant le trou du robinet, avant de verser les raisins. De cette façon le vin sort, lors du soutirage, très vite, ne contenant qu'une quantité insignifiante de grappes et déjà en partie filtré.

CHAPITRE XII

Des fabrications Spéciales

Avec les raisins secs, il est facile d'obtenir un nombre varié de produits, suivant les moyens que l'on emploie. (Voir l'*Art de faire les vins d'imitation*, Madère, Malaga, etc., Vermouth, Bitter, Sirops, Infusions, Liqueurs, avec les vins de raisins secs et autres, renfermant toutes les recettes complètes, un millier environ, détaillées simplement et nécessaires à tout fabricant, négociant, propriétaire, distillateur, vigneron, ainsi que tous les renseignements et documents nécessaires pour ces fabrications, avec planches et figures.)[24]

Je vais enseigner celui qui consiste à faire fermenter le moût sans les grappes; les résultats que l'on obtient récompensent largement le fabricant des peines qu'il a prises pour y arriver.

La Fermentation du Moût sans Grappes

Après avoir suivi la règle de conduite, que j'ai tracée aux chapitres IV, V et VI, qui consiste à bien préparer les raisins dont on veut se servir pour fabriquer, on établit dans le cellier une chaleur de 25 degrés.

Environ 24 heures après, on brasse fortement les raisins avec le liquide, afin de mélanger la partie liquoreuse et sucrée; cette partie liquoreuse, se trouvant beaucoup plus lourde, tombe dans le bas de la cuve et s'y accumule. Si on ne prend pas cette précaution, on est obligé d'attendre le moment où la fermentation, commençant son œuvre, mélange cette partie sucrée avec le restant du liquide. Chacun peut du reste, facilement, se rendre compte du fait que je cite. Le premier je l'ai remarqué.

J'indiquerai plus loin le parti que j'ai tiré, pour certaines fabrications, telles que le sirop et le sucre provenant des raisins secs, de cette particularité bien naturelle.

Quand on a chargé une cuve de fermentation, on pèse 24 heures après à l'aréomètre Beaumé, les degrés de douceur[25]; la partie liquide supérieure accuse de 0 à 5 degrés à peine, tandis que le pèse-sirop donne 22 ou 24 degrés de sucre pour la partie complètement inférieure que l'on tire par un trou de vrille ou robinet.

Pour la fermentation du moût sans grappes, il faut donc, dis-je, 24 heures après la mise en cuve, bien mélanger le liquide qui baigne les grappes, de façon à n'obtenir qu'un unique degré de douceur, du sommet à la base de la cuve.

La fermentation ne tarde pas à se faire sentir; c'est le moment propice au soutirage du liquide contenu dans la cuve. Le moût, ainsi transvasé, loin de perdre quelques qualités, en acquiert de nouvelles. L'aérification qu'on lui fait subir, non-seulement ne paralyse pas la fermentation que l'on veut poursuivre, mais l'active à nouveau.

On met donc ce moût, complètement liquide, dans un foudre ou tonneau dont on ferme la bonde par le procédé dont j'ai parlé au chapitre X; intitulé: *Des divers modes de fermentation.*

Une température, bien égale, de 20 à 25 degrés de chaleur, est nécessaire dans la cuverie et surtout dans le moût[26], pour empêcher l'engourdissement des ferments et, partant, un arrêt dans la transformation de la partie liquoreuse en alcool. Il est important d'éviter ce dernier inconvénient, car on peut voir cette fabrication ne se terminer, quelquefois, que quatre ou cinq mois après. Je dois dire, cependant, qu'en prenant quelques précautions, on est sans crainte sur le sort du moût qui se trouvant sans *chapeau*, ne risque pas de s'aigrir et peut demeurer impunément intact, protégé par le sucre qui constitue un agent préservateur.

La fermentation alcoolique peut s'arrêter, dans le cas qui nous occupe, à la suite d'un refroidissement de température dans le cellier. Le moût demeure alors avec les degrés de douceur qui existent encore sans se détériorer. Dès que la chaleur se fait sentir, la fermentation reprend de plus belle et se termine heureusement, si on veille à ce que la cause que je viens de signaler ne se renouvelle plus.

Dans le chapitre consacré à l'emploi des grappes, j'expliquerai le parti que l'on peut tirer de celles ayant servi à ce genre de fabrication; leur manipulation, après le soutirage, constitue un bénéfice réel pour le fabricant, qui retire, comme je le démontrerai, leur quintessence de production.

J'ai fait l'épreuve d'un refroidissement de fermentation dont voici le résultat:

Après un commencement de fermentation, je soutirai, au mois de janvier 1879, le moût d'une cuve de 100 hectolitres. Je le mis dans un foudre placé dans une cave dont la température naturelle était de 7 à 8 degrés seulement, en moyenne, et je l'y abandonnai.

Pendant 6 mois je suivis, presque chaque jour, les changements qui s'opéraient à la suite de la fermentation très lente qui se manifestait à peine; le froid qui règne pendant cette époque de l'année l'avait presque complètement arrêté. Je remarquai que, suivant les plus ou moins chaudes journées, j'avais gagné soit un cinquième, soit un huitième de degré.

Le plus souvent, quand la température s'était abaissée, la fermentation s'arrêtait complètement. C'est ainsi que, durant environ 4 mois, cette fermentation fut réellement intermittente, sans que le moût ne s'altérât en rien.

Quand les premiers jours de mai arrivèrent, et avec eux une température plus chaude, la fermentation reprit régulièrement son cours et s'acheva d'une manière complète vers le mois de juin. Elle avait duré près de six mois.

J'ai tenu à signaler l'exemple de cette expérience importante, afin de démontrer aux personnes qui hésitent à se livrer à ce genre d'industrie, qu'il n'en est peut-être aucune qui présente autant de garanties de succès.

La Fermentation des raisins secs avec des raisins frais

Au moment où le vin va presque disparaître de certains départements dévastés par le phylloxéra, et où un grand nombre de propriétaires ne recueillent de leurs récoltes, plus que des quantités vraiment insignifiantes de raisins, il convient de répandre le plus possible le moyen de refaire une vendange artificielle et de permettre, aux propriétaires, de boire *presque* de leur vin.

Il est incontestable que l'intérêt particulier de tous les viticulteurs plaide en faveur de cette innovation; chacun préfère boire le vin qu'il a fait, serait-il de qualité inférieure, que celui acheté à son voisin. C'est plus économique et toujours plus sûr.

Voici donc comment on doit opérer le mélange des raisins afin d'obtenir un bon produit: On prépare, avant le foulage des raisins frais qu'on se propose de vendanger, les raisins secs, dans la cuve à tremper, comme je l'ai indiqué dans le chapitre V, de façon à faire coïncider le foulage des deux vendanges, si je puis me servir de cette expression.

Les raisins secs devront être traités, avant leur fusion avec les raisins frais, exactement comme si on voulait les faire fermenter seuls; c'est-à-dire que l'addition d'eau qu'on leur a faite, doit être celle que comportent les raisins secs ordinairement[27].

On opère le mélange des raisins secs et frais au moment du foulage, et on pratique de la même manière que pour les raisins frais, en suivant les diverses indications du chapitre VI.

Il est important, que cette dernière opération soit bien également faite, si l'on veut obtenir une marche régulière dans la fermentation. Quelques agriculteurs m'ont écrit pour me demander si l'on obtiendrait assez de couleur avec ces genres de vins.

Je vais répondre à cette observation: Suivant la qualité de raisins que l'on récolte et surtout suivant les années, le vin naturel se trouve plus ou moins chargé en couleur. J'ai remarqué qu'un hectolitre de beau vin rouge de raisins frais, donnait une jolie teinte à 10 hectol. de vin de raisins secs.

Or, la partie colorante résidant surtout dans la pulpe du raisin, on obtient par la fermentation, des deux qualités de fruits mélangés, une plus grande diffusion de la partie colorante. Nul n'ignore combien est grande la force et la richesse de ce colorant chez certaines variétés de raisins frais.

Qui n'a bu, chez les propriétaires de nos vignobles du Midi, de ces fameuses *piquettes* qui ne le sont que de nom, tellement est belle leur apparence et délicieux leur goût.

L'explication de ce fait réside dans la grande quantité d'œnocyanine, que contient la pellicule, et dont l'abondance est telle, qu'elle suffit à colorer, non-seulement le vin de sa propre cuvée, mais encore l'eau qui sert à la fabrication de la *piquette*; cela constitue un véritable lavage des marcs de raisins et démontre combien est grande la force de coloration qui demeure dans les grappes après le soutirage du vin.

Il faut donc, suivant la teinte de coloration que l'on veut obtenir, quand on fabrique des vins de raisins mélangés, il faut donc, dis-je, connaissant la qualité de raisins frais qu'on emploie, faire le mélange intelligemment.

Ainsi, si l'on vise à la production de vins bien rouges, la quantité de raisins secs à ajouter deviendra moindre, tandis que si l'on ne veut obtenir que des vins dits *aramonts*, c'est le contraire qui devra avoir lieu. La partie colorante, jaune des raisins secs, forme, avec celle des raisins frais, une couleur d'un rouge *paille*.

J'affirme que, par le moyen que je viens de décrire, un cultivateur peut encore longtemps, non-seulement boire du vin de sa propriété, mais se refaire, pour ainsi dire, une nouvelle récolte.

On m'a objecté que le vin obtenu avec les raisins secs était trop coûteux quand il revenait à plus de 20 francs l'hectolitre.

Il est facile de démontrer combien est fausse cette idée. Si les viticulteurs additionnaient les sommes considérables de main-d'œuvre et surtout d'argent que nécessite la culture de la vigne, à notre époque, s'ils établissaient le compte des dépenses qu'occasionne cette récolte, et s'ils les mettaient en parallèle avec les frais qu'occasionnent les nouveaux genres de vins, l'avantage demeurerait aux vins de raisins secs sans contestation.

La fermentation des Raisins secs avec le marc des Raisins frais

Je fais entrer la description de la fermentation des raisins secs avec le marc de raisins frais dans ce chapitre, à cause de la similitude qui existe entre cette fabrication et les fabrications précédentes.

On peut, par ce moyen d'employer les raisins secs:

1° Ne se servir du marc de raisins frais, que dans le seul but de donner au vin que l'on prépare un plus grand principe vineux;

2° Ne viser qu'à produire de la *piquette* avec le marc de raisins frais, et remonter son degré alcoolique avec une petite quantité de moût de raisins secs.

Dans le premier cas, l'agriculteur qui veut se livrer à cette fabrication, n'a qu'à suivre les règles que j'ai tracées pour le travail des raisins secs; seulement la quantité d'eau qu'il versera sur ceux-ci, mélangés de marc, devra être augmentée proportionnellement à la quantité qu'il aura ajoutée et qu'il voudra faire fermenter avec les raisins secs.

Dans le second cas, c'est-à-dire quand on veut obtenir de la *piquette* et que les raisins secs ne remplissent d'autre rôle que celui de producteurs d'alcool, la partie d'eau à ajouter devient d'autant plus grande, que l'on se contente d'un degré plus bas.

Il est, cependant, des limites qu'on ne saurait franchir impunément. Ainsi, le vin ne peut mériter ce nom, proprement dit, que tout autant qu'il pèse au moins 6 degrés d'alcool; au-dessous, il ne peut réellement porter que celui de *piquette* de marc de raisins.

Afin d'éviter aux agriculteurs, qui vont pratiquer cette fabrication, les ennuis d'un essai, je vais indiquer, en finissant ce chapitre, la quantité d'eau qu'il convient de verser sur les raisins secs auxquels on ajoute du marc de raisins frais, pour les différents degrés d'alcool que l'on veut obtenir.

On prend pour base le tableau des quantités d'eau nécessaires pour fabriquer du vin de raisins secs (Page 39).

Quand les marcs, dont on se sert, proviennent de raisins bien mûrs, de côteaux, qui ont produit du vin de degré alcoolique élevé, la quantité d'eau qu'on peut verser sur eux est plus grande, évidemment, que dans le cas contraire.

Ainsi, 50 litres d'eau par 100 kilog. de ces marcs, dans une cuvée de raisins secs importante, n'en changent pas le degré.

Cependant, pour ne pas être obligé de faire ici un nombre infini de tableaux qui seraient encore incomplets, vu la grande variété de coupages et d'additions que l'on peut faire avec les raisins secs, les marcs et l'eau, je dirai aux agriculteurs: Agissez pour la fabrication du vin de raisins secs coupés avec du marc, exactement comme pour celle des raisins frais mélangés de raisins secs. C'est-à-dire que, d'une part, vous suivez exactement la ligne de conduite que j'ai tracée pour la fabrication des vins de raisins secs, et que, d'autre part, vous verserez auparavant sur les marcs que vous voulez mélanger, la quantité d'eau que vous jugerez convenable, soit 30, 40, 50 jusqu'à 100 litres d'eau par 100 kilog. de marc.

J'avoue, qu'en général, on ne peut plus espérer, même un degré modeste d'alcool, avec la dernière proportion, si le moût de raisins secs n'a pas déjà au moins un degré de liqueur élevé.

CHAPITRE XIII

Moyen pratique de suivre la marche des fermentations

Un grand nombre de mes lecteurs, avant que ce traité ne fît son apparition, m'avaient demandé un moyen pratique de pouvoir suivre les fermentations et connaître facilement le moment où elles étaient terminées.

La science nous offre une assez grande quantité d'observations sur ce sujet, mais, conformément au but que je me suis proposé et dont je ne veux pas m'écarter, je ne m'étendrai pas sur la description des expériences que nos savants ont faites, afin de deviner le secret des fermentations.

Je vais donc indiquer aux fabricants le moyen qui m'a paru le plus simple et le plus commode, de suivre les diverses phases de la fermentation.

C'est d'abord le pesage du moût à l'aréomètre Beaumé, ensuite le thermomètre coudé[28] qu'on a appliqué à la cuve.

Le pèse-sirop, que tout le monde connaît et dont il est inutile de faire ici la description, accuse la densité liquoreuse du liquide dans lequel on le fait flotter.

C'est, en quelque sorte, le Mentor du fabricant ou agriculteur, qui trouve en lui un guide presque toujours infaillible.

Je n'en ai pas parlé plus tôt, afin de faire ressortir d'une manière plus grande son utilité, au milieu de toutes les hésitations auxquelles doivent être sujets les fabricants, avec le mode actuel de production.

Après un grand nombre d'expériences, j'ai remarqué que le degré de sucre qu'accusait le pèse-sirop pour le moût de raisins secs, au moment où la fermentation va commencer, était, à peu de chose près, le degré d'alcool obtenu une fois la fermentation terminée.

Ce résultat s'explique assez facilement. L'alcool ne se formant qu'au fur et à mesure de la métamorphose du sucre en acide carbonique et alcool, le pèse-sirop indique exactement la déperdition de la partie liquoreuse et le degré équivalent à son nouvel état.

Ainsi prenons un exemple:

Le moût, d'une cuvée, accuse au pèse-sirop 12° de liqueur au moment du départ de la fermentation, toutes les précautions nécessaires pour faciliter sa marche ayant été observées, dès le lendemain, ou 2 jours après, en pesant du moût de la cuve dans une éprouvette, le pèse-sirop indiquera une tendance à baisser. Si la fermentation est tumultueuse, l'aréomètre n'indiquera plus que

11° dès le 3e jour, 9°,5 ou 10° le 4e, 8° le 5e, 6°5 le 6e et ainsi de suite jusqu'à 0°, qui indique que toute la partie sucrée s'est transformée et qu'il faut soutirer le vin de dessus les grappes.

Ce moyen, comme je le disais, est bien simple et d'une grande facilité; le fabricant le moins expérimenté s'aperçoit immédiatement, en pesant le moût, si la fermentation suit un cours régulier et si la cuvée se refroidit.

Point n'est nécessaire d'être fort en chimie pour savoir qu'une cuvée a besoin d'une température plus chaude, quand l'aréomètre indique deux fois le même degré.

Il est urgent, quand on remarque un arrêt dans la fermentation, de suivre les conseils que j'ai donnés sur ce sujet dans les chapitres ayant trait à cette importante question.

Les indications de l'aréomètre Beaumé sont surtout nécessaires vers la fin de l'opération; à mon avis, c'est l'unique instrument pratique dont puisse se servir le fabricant.

Vers la fin d'une fermentation, alors que l'aréomètre n'accuse plus que 2 degrés de liqueur, il est essentiel que l'on remarque si l'opération ne subit pas d'arrêt; c'est le moment périlleux de notre genre de fabrication.

Pour plusieurs opérations entreprises et conduites heureusement, ces deux derniers degrés offrent une infranchissable barrière à leur bonne réussite.

Afin d'éviter ces grands inconvénients, le fabricant devra, dès la mise en cuve, peser quotidiennement le moût des cuves en fermentation et annoter chaque fois d'une manière exacte l'observation qu'il aura faite.

En se servant du moyen que j'indique, il n'est plus nécessaire de distiller chaque jour, comme le font plusieurs fabricants, du moût à l'appareil Salleron[29]; le résultat que l'on obtient est identique à celui du pèse-sirop.

Malgré cela, vers les derniers jours de la fermentation, il convient de faire la contre-expérience avec cet appareil, afin de connaître la richesse alcoolique que l'on a obtenue et de s'assurer concurremment, avec l'aréomètre, de la marche continue de l'opération.

Il est pourtant, des cas, où le pèse-sirop ne peut pas servir de guide au fabricant, et où l'emploi du petit appareil à distiller, de Salleron, est obligatoire, pour se rendre bien compte de la marche de la fermentation alcoolique.

C'est dans la fabrication que j'ai décrite au paragraphe intitulé: *Fermentation des raisins secs avec le marc de raisins frais.* La même restriction s'applique à tous les genres de fabrication, où l'alcool peut déjà se trouver en nature dans une plus grande ou plus petite quantité.

Personne n'ignore la richesse alcoolique des marcs de raisins frais qui, quoique pressurés au plus haut point, rendent encore de 5 à 15 0/0 d'alcool, suivant leur qualité ou leur état.

On comprend facilement, qu'en mélangeant du moût de raisins secs avec les grappes ou marcs, le pèse-sirop indiquera un degré de liqueur inexact à cause de l'alcool existant déjà dans les marcs, alcool dont le moût se sera emparé par suite du mélange.

Afin de connaître le degré alcoolique du moût de ces sortes de fabrication, on est donc obligé de se servir exclusivement de l'appareil Salleron qui indique, dès le début de la fermentation, l'alcool existant. On n'a plus qu'à essayer tous les matins, le vin, et qu'à bien s'assurer de la marche progressive de l'opération.

Il est cependant un point de repère pour connaître le moment du soutirage, c'est encore avec l'aréomètre Beaumé.

Quand le pèse-sirop marque 0°, la partie liquoreuse, s'étant transformée presque en entier, le vin peut être entonné.

Avant de m'occuper du soutirage du vin, je crois que mes lecteurs me sauront gré de leur faire la description d'un moyen de fabrication que la science et un petit nombre d'industriels connaissent; je l'ai appliqué à notre industrie, pensant qu'il rendra de grands services aux agriculteurs en général et aux fabricants de vins de raisins secs en particulier, en temps de hausse exagérée des raisins secs.

Je veux parler de l'opération du sucrage.

CHAPITRE XIV

Du Sucrage

Nos plus grands œnologues et nos meilleurs chimistes ont reconnu et accepté la nécessité et le naturel emploi du sucre. Chaptal, son immortel innovateur, a même laissé son nom à ce procédé; on dit: *Chaptaliser* du vin.

Je puis donc, couvert par de pareilles célébrités, acceptées par tous, traiter cette question, dédaignant les attaques qu'elles ont motivé de la part de quelques personnalités bruyantes dont le talent en la matière serait bien facile à contester.

L'épithète ironique et impuissante *d'eau de raisins* dont quelques négociants en vins, ni viticulteurs, ni chimistes, ont voulu stigmatiser le vin de raisins secs, devait ce me semble trouver un meilleur placement appliquée à l'opération dite *du sucrage.*

Pourquoi ne s'est-on jamais élevé contre cette opération?

Cependant cette façon de faire le vin est non-seulement connue de nos négociants, mais même approuvée et conseillée, pour bien des cas, par nos Facultés et nos Académies scientifiques.

Avant de pénétrer davantage dans ce sujet, je vais donner à mes lecteurs quelques notions préliminaires sur cette question et rappeler brièvement sa théorie:

L'opération du sucrage consiste à ajouter au jus de raisins frais, le sucre qui lui fait défaut, à la suite de circonstances malheureuses provenant de la température et du climat qui ont empêché son développement sur la vigne, et à remplacer ce sucre par celui de raisins ou d'autres. La nécessité de cette addition s'impose d'elle-même.

Chacun sait que la formation de l'alcool, principe fondamental du vin, s'obtient par le changement de la partie sucrée en acide carbonique et en alcool.

Or, supposons une année froide et pluvieuse, les raisins, au moment où l'époque des vendanges est arrivée, non-seulement ne sont pas mûrs, mais ne peuvent plus mûrir; la partie sucrée, dont ils devaient être pourvus, ainsi que dans les temps ordinaires, fait complètement défaut. Que faire de ce moût, véritable verjus, qui contiendra peu d'alcool et partant ne pourra se conserver?

La chimie a depuis longtemps répondu à cette interrogation et s'est engagée bravement dans la voie, qui, du reste, se présentait à elle toute tracée: Quand le sucre naturel manque il faut le remplacer.

Les sources sont nombreuses. Chaptal préconisait l'emploi du sucre de canne brut et surtout celui extrait du raisin lui-même.

Cependant il faut bien se garder de confondre le *sucre de raisin* avec le *glycose* obtenu de la fécule de pomme de terre; son emploi procure au vin une altération funeste. Le sucre dont on peut se servir est celui de raisin ou de canne. On doit se garder de l'exagération, qui, en tout, est un défaut. Il ne faut pas dépasser, par excès de sucrage, le degré de liqueur qu'accuse le moût, quand les vendanges sont heureuses.

Le but de cette opération est donc, dans ce cas, celui d'empêcher la perte de la récolte à cause du manque de sucre.

Nos viticulteurs de la Champagne, et surtout nos fabricants de vins de ce nom, ont étendu, plus loin encore, le bénéfice qu'ils pouvaient recueillir de l'avantage du sucrage, afin d'avoir une récolte toujours uniforme, qui pût leur donner, toutes les années, un vin identique pour fournir à leur clientèle du monde entier.

Un certain nombre de fabricants, et des renommés de ce pays, retirent d'abord simplement le moût des raisins frais, et versent sur les grappes, avec de l'eau, la quantité de sucre[30] qui est nécessaire pour remettre le liquide à un degré de liqueur suffisant et refaire une nouvelle cuvée. Quand la fermentation de ce nouveau moût est terminée, ils mélangent ce vin avec celui de la cuvée précédente, et obtiennent ainsi des produits qui ont fait rêver, pendant bien longtemps, des œnologues distingués qui cherchaient à deviner comment ils pouvaient obtenir ainsi, chaque année, malgré les différences de vendanges, des produits aussi similaires.

Il était nécessaire que j'expliquasse bien à mes nombreux lecteurs sur quoi reposait la théorie du sucrage.

Il importait aussi de rendre public ce procédé tout champenois, afin d'apprendre aux détracteurs de vins de raisins secs que l'appellation dont ils ont voulu gratifier ces vins: *eau de raisins*, pouvait assurément, et depuis longtemps, trouver justement sa place sur une foule de manipulations œnologiques, et que c'est faire réellement preuve d'ignorance de désigner ainsi le produit qui, seul peut-être, ne le méritait pas.

Peut-on nier que toutes les matières qui les constituent ne leur soit réellement propres?

Le sucre qu'ils contiennent est-il du sucre de raisin?

L'eau seule leur manque et on la leur rend; je dis: *on la leur rend.* Peut-on dire cela pour l'opération que j'ai rapportée plus haut, qui se pratique depuis si longtemps dans la Champagne, et n'est-ce pas à ce genre de vin, *pourtant excellent* qu'il eût fallu appliquer l'épithète d'*eau de raisins*?

Cette petite digression était nécessaire pour pouvoir m'étendre sur les divers emplois qu'on peut tirer du sucre dans la fabrication des vins de raisins secs. J'ai tenu à bien démontrer que, loin de créer une innovation, je ne visai, dans ce traité, qu'à faire l'application à notre genre de fabrication des méthodes bien anciennes, existant déjà dans la fabrication des vins de *raisins frais*, nullement répréhensibles, et approuvées par la science.

La fermentation des raisins, grappes, marcs, avec du sucre

Dans la description que j'ai faite de la fermentation du moût sans grappes, celles-ci demeurant dans la cuve après le soutirage du moût, j'ai promis d'indiquer le parti qu'on peut en tirer, vu leur état.

On doit se rappeler comment ce genre de fabrication se pratique; 24 ou 48 heures environ après le séjour de l'eau sur les raisins secs, on la soutire toute chargée de la partie sucrée qu'elle a dissoute dans cette sorte de lavage. Les raisins ou grappes conservent encore cependant une assez grande partie de ce sirop dont ils sont imprégnés.

Il est deux manières de les utiliser: La première, en y versant tout simplement de l'eau; la seconde, en refaisant une nouvelle cuvée, et en y ajoutant de l'eau et du sucre de canne pour remplacer celui qui a été entraîné après le soutirage du moût.

Si le produit que l'on veut obtenir ne doit avoir que 5 à 7 degrés, et si l'on vise à la quantité, on n'a qu'à verser environ 40 à 50 litres d'eau par 100 kilog. de grappes dans la cuve, sans ajouter de sucre. On remue bien cette nouvelle addition et on agit exactement comme pour une première fabrication de raisins secs.

Le premier moût qu'on a soutiré, quoique ayant enlevé une grande partie des matières que contenaient les raisins, leur en laisse encore assez pour faire fermenter et produire du vin qui peut très bien, une fois la fermentation terminée, servir pour le coupage de ceux dont le degré est trop élevé.

Si au contraire, pour des causes particulières, telles que: la cherté des raisins secs, leur prix excessif de transport, la proximité d'une raffinerie de sucre, le fabricant a intérêt à produire du vin de raisins secs en se servant du sucre, au lieu de vider l'eau purement sur les raisins, dont on a déjà sorti un premier moût, le producteur préparera ainsi sa nouvelle fabrication: Par 100 kilog. de raisins, il versera 100 litres d'eau et 10 kilog. de sucre. Afin que le mélange s'opère bien, je conseillerai de verser le sucre séparément dans l'eau que l'on veut employer, de manière à n'avoir plus qu'à mélanger l'eau ainsi préparée avec les raisins dans la cuve.

On peut de cette manière, comme je le disais plus haut, fabriquer, quel que soit le prix des raisins et surtout leur qualité, des vins à peu près toujours semblables.

La conduite de la fermentation de ce genre de fabrication est, bien entendu, toujours celle que j'ai indiquée dans le chapitre précédent; les soins à donner à la cuve à fermenter sont identiquement les mêmes pour toutes les façons de fabriquer.

Voulant prévenir les polémiques que l'application du *sucrage*, que j'ai faite à notre industrie, peut soulever, je prie mes lecteurs de vouloir se reporter à l'appendice qui termine ce volume. J'ai relaté tout au long, dans l'intérêt des agriculteurs, les magnifiques expériences faites par M. Petiot, sur une cuvée qui, en temps ordinaire, eut produit 60 hectolitres à peine, et dont il retira 285 hectolitres, soit près de *cinq fois* plus. Cette expérience, attestée par les célèbres chimistes et œnologues Thénard père et fils, par Maumené, et un grand nombre de savants, se dresse en vengeresse pour prouver une fois de plus aux détracteurs des vins de raisins secs, combien ceux-ci, incontestablement naturels, laissent loin derrière eux ces produits artificiels si admirés.[31]

CHAPITRE XV

Résumé de la Théorie de la Fermentation

Afin de présenter d'une manière plus saisissable les indications que j'ai données et les observations que j'ai faites dans les chapitres précédents ayant trait aux divers phénomènes de la fermentation, je vais les grouper ici sous forme de mémorandum.

Mes lecteurs pourront ainsi, suivant les cas qui les embarrasseraient, trouver l'explication immédiate de ce qui fera l'objet de leurs hésitations.

RÈGLES GÉNÉRALES

Pour obtenir une bonne fermentation, il faut:

1° Que l'opération du foulage des raisins secs ait été bien régulièrement et entièrement pratiquée;

2° Que la température du moût soit au moins à 25 degrés;

3° Que celle du cellier soit de 15 à 20 degrés environ et *invariable*, si on n'emploie pas l'appareil pour la fabrication mathématique;

4° Agiter fortement la cuvée au début, afin que le départ de la fermentation se fasse uniformément;

5° Entretenir avec soin la chaleur naturelle des cuves, développée par la fermentation;

6° Eviter l'acidification du chapeau et les développements de fermentations acides ou putrides;

7° Suivre bien exactement la marche de l'opération, afin de parer aux éventualités qui peuvent surgir pendant sa durée.

On peut, pour réaliser ces diverses conditions, employer les moyens que j'ai indiqués précédemment.

Quelques fabricants ne liront peut-être pas sans intérêt la description d'une fermentation faite dans une cuve ordinaire recouverte d'un couvercle en bois, adhérent avec de la farine de lin bouillie.

C'est le récit détaillé d'une fabrication de vins de raisins secs, jour par jour.

Les observations ont été notées avec le plus grand soin. Il se peut que quelques-unes soient utiles à certains propriétaires ou producteurs, c'est pourquoi je conseillerai à mes lecteurs de lire les détails de cette expérience incontestablement pratique.

Expérience faite avec 1.000 kil. de raisins secs, au mois d'avril 1877

La quantité employée a été celle dont généralement on se sert dans la pratique. La manipulation en est facile, les récipients commodes à trouver.

Le 1er avril 1877.—Je reçois dans ma fabrique 1,000 kilog. de raisins Thyra, dans des sacs de 105 à 110 kilog. en moyenne. Dès leur arrivée, je les dirige sur la salle de trempage, où ils commencent à recevoir les soins de propreté que leur état exige. Après avoir ouvert chaque sac, on étend, sur le plancher, les raisins, dont on brise les mottes et dont on sépare les corps étrangers. C'est ainsi que je trouve mélangés, aux grappes, des pierres, des figues, des dattes, des filaments, des herbes, etc. Les raisins sont bien épurés, afin d'éviter les ennuis que peuvent occasionner, dans la suite des diverses opérations, tous ces corps étrangers.

Le 2 avril.—Les 1,000 kilog. de raisins secs ayant été versés de 8 heures à 9 heures du matin, dans la cuve à tremper, avec 22 hectolitres 50 litres d'eau, je fais remuer fortement les raisins et l'eau, afin que le mélange soit bien homogène et qu'il ne reste plus de raisins amalgamés et formant des boules.

Le thermomètre indique une température de 13 degrés, pour l'eau servant au trempage. A 2 heures, à 5 heures et à 9 heures du soir, on agite encore fortement les raisins pendant quelques instants.

Le 3 avril.—Les raisins secs ont trempé environ 24 heures. Leur aspect rappelle complètement celui des raisins frais; ils se sont gonflés et ont repris une certaine apparence de vie. Une grappe entr'autres, à laquelle une douzaine de grains restent encore attachés, est bien faite pour compléter cette illusion. Quelques grains, que je presse entre mes doigts, m'indiquent par leur façon d'éclater en s'écrasant, que la durée du trempage est terminée.

Il est 9 heures du matin, je donne l'ordre de fouler à la machine.[32]

Voici comment j'ai pratiqué cette opération: La cuve, dans laquelle les raisins ont été mis à tremper, se trouve à la partie la plus élevée de la fabrique, dans l'appartement situé au-dessus des cuves à fermenter. Elle est relevée de telle sorte, que sa base se trouve de niveau avec le sommet de l'entonnoir en bois de la machine qui doit fouler les raisins. Cette précaution est prise dans le but d'éviter une main-d'œuvre de plus, et de permettre aux grains et aux grappes de glisser sans efforts, de la cuve à tremper dans la machine. Elle se trouve placée elle-même immédiatement au-dessus de la cuve à fermenter, qui est dans le cellier.

Les grappes et les raisins se précipitent ainsi, sans aucun travail, de la machine dans la cuve qui doit les recevoir pour fermenter.

Pour établir une plus grande affinité entre la partie liquide et les grappes, pendant qu'un ouvrier les rejette par-dessus le bord, dans la machine à fouler, je fais arriver le moût, dans cette même machine, au moyen d'un robinet placé au bas de la cuve. La partie liquide, dans de pareilles conditions, peut porter sans contestations le nom de *jus de raisins.*

L'opération du foulage et de la mise en cuve à fermenter, est terminée à trois heures du soir.

Je place immédiatement le couvercle sur la cuve et enduis toutes les jointures de farine de lin bouillie afin d'intercepter complétement le passage de l'air.

Me proposant de fabriquer du bi-carbonate de soude, j'établis au sommet de la cuve à fermenter, un tuyau de verre qui permettra au gaz acide carbonique, d'abord, de s'échapper de la cuve, qu'il ferait éclater sans cette précaution, ensuite, de transformer mon carbonate de soude en bi-carbonate.

Le 4 avril.—Ainsi que j'en avais donné l'ordre, la température est régulière. Le thermomètre du cellier indique 22 degrés de chaleur à 8 heures du matin. Je pèse le moût à l'aréomètre Beaumé en ayant soin d'en prendre du haut, du milieu et du bas de la cuve au moyen de petits robinets, afin d'éviter des erreurs provenant de la différence de degrés qui peut exister dans le moût avant le départ de la fermentation. Le pèse-sirop indique 22 degrés de liqueur.

Le thermomètre coudé, adapté à la cuve, dont le réservoir baigne dans le moût, n'accuse que 15 degrés seulement; la fermentation ne s'est point encore établie. Le soir à 8 heures, le thermomètre donne 16 degrés 5, soit une production naturelle d'un degré et demi de chaleur, de plus, depuis 12 heures.

Le 5 avril.—Je pèse le moût, je constate un sensible mouvement de fermentation; à 8 heures du matin, l'aréomètre indique une tendance à la baisse.

Le thermomètre de la cuve indique un peu plus de 17 degrés de chaleur; le soir, il atteint 18 degrés. Je remarque un petit dégagement d'acide carbonique.

Le 6 avril.—La fermentation existe en plein à 8 heures du matin; le thermomètre de la cuve marque 19 degrés; le moût a perdu un degré de liqueur; le dégagement de l'acide carbonique est vif.

A 3 heures du soir, le thermomètre est à 20 degrés; la fermentation s'accentue davantage; à 5 heures la fermentation développe une chaleur qui atteint près de 21 degrés et devient tumultueuse.

Le 7 avril.—Je pèse le moût à l'aréomètre Beaumé; à 8 heures du matin le degré indiqué est 10 degrés, soit: 2 degrés d'alcool formés. Le thermomètre indique 21 degrés 5; le soir il en marquait 23.

Le 8 avril.—Le thermomètre accuse à 8 heures du matin 23 degrés 5; je pèse le moût à l'aréomètre, son poids est de 9 degrés 5, soit: une perte de sucre de près de 3 degrés ayant servi à produire 3 degrés d'alcool; à 3 heures du soir, le thermomètre atteint 25 degrés.

La fermentation est excessivement vive et sa marche est excellente.

Devant la chaleur naturelle que développe la fermentation, je juge inutile de conserver dans le cellier, une température de 22 degrés et je la maintiens de 15 à 18 degrés environ, seulement.

Le 9 avril.—Le thermomètre, à 8 heures du matin, indique 25 degrés 5; l'opération suit un cours régulier; le pèse-sirop m'annonce, en flottant dans le moût, un poids spécifique de 8 degrés de liqueur, soit: une nouvelle perte d'un degré.

Le 10 avril.—Le thermomètre, à 8 heures du matin, atteint 26 degrés; je pèse le moût qui n'indique plus que 7 degrés.

La fermentation continue à être très-tumultueuse; le dégagement de l'acide carbonique se fait avec une telle force, qu'il éteint une bougie à 15 centimètres du tuyau d'où il s'échappe.

Le 11 avril.—La fermentation est à son apogée; à 8 heures du matin, le thermomètre se maintient à 26 degrés, l'aréomètre indique une perte de 1 degré 5 de sucre et par contre un bénéfice d'autant en alcool; le poids liquoreux est de 5 degrés 5.

Le 12 avril.—Je consulte le thermomètre de la cuve, à 8 heures du matin, et je remarque qu'il a des tendances à redescendre. La fermentation perd un peu de son impétuosité; la transformation alcoolique continue cependant toujours très régulièrement; la densité du moût est de 4 degrés.

Le dégagement de l'acide carbonique, quoique très-abondant, n'est point aussi vif que celui de la veille.

Le 13 avril.—Je remarque que la température intérieure de la cuve a décliné de un degré. Le thermomètre, à 8 heures du matin, est redescendu à 25 degrés; je me prépare à suivre l'opération bien exactement.

C'est la période de décroissance et le moment où le développement de chaleur naturelle qu'engendre la fermentation, à son début, s'arrête.

Afin d'éviter que les ferments ne s'engourdissent, je maintiens la température du cellier à 25 degrés, d'une manière bien régulière; je pèse le moût, et l'aréomètre donne 3 degrés de liqueur; le dégagement du gaz acide carbonique est bien moins fort que précédemment.

Le 14 avril.—Dès mon arrivée, dans le cellier, je remarque la chute du thermomètre à 24 degrés; le refroidissement des grappes continue, la fermentation s'affaiblit, l'aréomètre n'indique plus que 2 degrés de sucre.

L'acide carbonique ne se fait plus que légèrement sentir. Une bougie, que je présente à l'orifice de l'ouverture ménagée au sommet de la cuve pour le dégagement du gaz, ne s'éteint que quand elle est complètement rapprochée.

La production d'acide est presque arrêtée; la fermentation, du reste, touche à sa fin; elle est lente. Je fais une épreuve, avec l'alambic de Salleron, pour connaître la richesse alcoolique véritable du vin; le résultat de l'opération est: 9 degrés 5.

Le 15 avril.—Le thermomètre est descendu à 21 degrés, et la fermentation est insensible; l'aréomètre n'a qu'un demi-degré de différence avec celui qu'il donnait hier; le moût n'a donc plus que un degré de sucre.

Le 16 avril.—Le thermomètre descend toujours et indique 22 degrés à peine. L'aréomètre accuse la perte d'encore un demi-degré, soit la presque complète disparition du sucre.

Je fais une nouvelle épreuve à l'appareil Salleron et j'obtiens 11 degrés 5 d'alcool.

L'opération est de fait terminée.

Je soutirai mon vin, qui fut excellent, et qu'un grand nombre de négociants en vins prirent pour du picpoul, quand je l'eus collé et clarifié avec les précautions que j'indiquerai plus loin.

CHAPITRE XVI

Du Décuvage et du Pressurage

Quand le liquide n'accuse plus que 0 degré à l'aréomètre Beaumé, il faut décuver le vin de raisins secs. Voilà le principe fondamental. Cependant il convient d'attendre encore 24 heures pour obtenir le refroidissement du vin.

Après le soutirage, le liquide subit, durant quelques jours encore dans les tonneaux, une seconde fermentation qu'on a appelé la *fermentation lente*; la partie liquoreuse achève, par une fermentation insensible, de se transformer. Le vin, retiré de dessus les grappes, ne risque plus ainsi de s'acétifier.

Le moment favorable, à choisir, pour un bon soutirage, a donné lieu à bien des discussions. Malheureusement, ainsi qu'il arrive toujours pour les contestations, dont le point de départ est obscur, les opinions n'ont jamais pu tomber d'accord.

Pour être fixé exactement, sur le véritable moment du soutirage, il est incontestable qu'il est nécessaire de connaître si la transformation du sucre en alcool est terminée.

Pour le décuvage du vin de raisins frais il existe bien d'autres considérations.

Quant aux vins de raisins secs, en attendant que la science fasse revivre un jour, et la couleur et le bouquet, ce qui, je l'espère, arrivera bientôt, le fabricant reconnaît que le moment du soutirage est arrivé aux différents caractères suivants:

L'aréomètre Beaumé, dont les indications sont presque toujours certaines, lui offre déjà un moyen simple de reconnaissance. En suivant exactement les diverses variations du thermomètre adapté à la cuve, on peut en tirer aussi des déductions.

Mes lecteurs ont remarqué dans l'expérience que je viens de relater au chapitre précédent, combien le thermomètre m'avait été d'un grand secours pour suivre la marche de l'opération.

En général, on dit, pour soutirer, de ne pas dépasser le moment où la chaleur s'est dissipée tout entière. Ce qui est très vague.

En un mot, le moment le plus propice au décuvage est le terme du développement de l'alcool. J'appellerai donc l'attention des fabricants sur ce point.

Pour être certain du moment opportun, on peut faire chaque jour les expériences suivantes: D'un côté, peser le moût à l'aréomètre Beaumé et d'un autre, le distiller avec l'appareil de Salleron. Personne ne peut hésiter sur le moment où l'on doit regarder la fermentation comme terminée.

Afin de constater d'une manière aisée et simple la disparition totale du sucre dans le moût, il est encore un moyen indiqué par Maumené et à la portée de tout le monde.[33]

«On se procure du mérinos blanc, on le trempe pendant quelques minutes, dans une solution de une partie de bi-chlorure d'étain et deux parties d'eau. On le fait sécher au bain-marie, sur une bande de même étoffe, et on le découpe en bandelettes (de huit à dix centimètres de long sur trois de large.) Tous les pharmaciens prépareront ces bandes sans peine. Pour juger de l'absence du sucre dans le moût, on met une goutte de ce liquide, sur une bandelette et on la chauffe doucement, au-dessus d'un ou deux charbons. La goutte sèche promptement, et, tout à coup, elle devient noire, s'il reste du sucre; cette couleur noire se forme avant que le mérinos commence à jaunir par l'action du feu. Le sucre se change en *caramélin*.»

Il est nécessaire de prendre quelques précautions, pour éviter au vin fini, le contact de l'air. La meilleure précaution est de conduire le vin dans les tonneaux au moyen de tuyaux en cuir ou en caoutchouc.

Voici les conséquences qu'on peut tirer des principes que j'ai établis ci-dessus:

1° Le décuvage doit se faire dès que la partie sucrée s'est transformée en alcool;

2° Quand le vin, que l'on fait est destiné à la distillation et que le but qu'on se propose est la formation d'une grande quantité d'alcool, on peut laisser cuver, plus longtemps, pour permettre cette formation.

Les vins, dans ce cas, sont susceptibles de prendre de faux goûts. Le fabricant doit éviter cela quand le vin est destiné directement à la consommation.

Lorsqu'on a soutiré tout le vin, il faut s'occuper au plus vite, surtout l'été, de faire sortir, au moyen de la pression, celui qui reste absorbé, en assez grande quantité, par les parties solides, telles que les rafles, les pellicules, etc. On transporte donc les grappes *au pressoir*. Je crois qu'il n'est pas nécessaire de décrire ici la forme de cet instrument et les moyens de s'en servir. Tout le monde le connaît. La majeure partie de mes lecteurs déjà viticulteurs, ont probablement dans leur cellier cet appareil. Depuis quelques années surtout, il est permis aux agriculteurs, de passer une véritable revue de toutes les innovations que cet appareil a reçues, en visitant les concours régionaux. Il en est de plusieurs sortes: à levier, à vis ou à coins. Ces derniers, sont presque partout abandonnés et remplacés par les premiers, à cause de la différence de rendement que l'on obtient.[34]

La quantité, de liquide, contenue dans les marcs de raisins secs est relativement énorme. Avec un bon pressoir, on retire encore tout près d'un quart de la cuvée. Cette opération est, comme on le voit, essentielle.

Le parti qu'on peut tirer du marc de raisins secs, comme je l'indiquerai au chapitre suivant, étant assez avantageux, il convient de presser, le plus possible, les grappes et de les sécher. Sinon, leur tassement donne naissance par l'échauffement, aux fermentations acides, extérieurement, et putrides, intérieurement; dans cet état elles ne peuvent servir exclusivement que comme engrais pour la culture.

Quant le fabricant se propose d'obtenir des vins de première qualité, il ne doit pas mélanger *le vin de presse* avec le *surmoût* ou premier vin.

On doit se tenir en mesure l'été, pour que l'opération du pressurage soit rapidement faite. On évitera ainsi l'acétification des marcs.

Dès que l'on est certain que la fermentation va être terminée, on prépare un récipient large et bas pour recevoir les grappes. On presse de suite, soit directement, soit au moyen de scourtins en sparterie. Les grappes, qui ne sont pas altérées, donnent un vin susceptible, une fois bien clarifié et collé, d'être mélangé sans difficulté avec celui du premier jet.

CHAPITRE XVII

Emploi des Marcs et Résidus

L'emploi des marcs a déjà été démontré dans les chapitres précédents, relatifs au sucrage; je ne reviendrai donc pas sur ce sujet, et je vais m'occuper des autres moyens de tirer parti des grappes et du marc de raisins secs.

Ainsi qu'on va le voir, les applications sont nombreuses. Les grappes peuvent servir pour:

La distillation,

La fabrication du vinaigre,

La nourriture des animaux,

L'engrais végétal,

La fabrication du *Verdet*,[35]

La fabrication du carbonate de potasse.

Les pépins eux-mêmes ont des destinations spéciales.

La distillation des Grappes

Les marcs de raisins secs, suivant le mode de fabrication du vin, fournissent encore jusqu'à 5 0/0 d'alcool.

On les distille, généralement, pour en faire de l'eau-de-vie. Mais, le fabricant intelligent, doit s'attacher à retirer tout son vin des marcs, ce qui est plus productif et bien plus économique.

Pour ceux, pourtant, qui tiendraient à obtenir de l'alcool, j'ai placé, dans ce livre, quelques figures d'appareils les plus propres à les guider dans le choix qu'ils voudront faire.[36]

Je ne décrirai pas ici l'alambic proprement dit, je dirai seulement qu'il en existe appropriés à tous les besoins.

Les uns produisent exclusivement de l'eau-de-vie ou servent à obtenir l'extrait des parfums, les autres, d'un usage aussi général, sont surtout employés dans la grande industrie pour l'obtention des alcools, à degrés très élevés et presque purs. Les premiers sont d'un usage fréquent dans une foule d'industries et d'une très grande simplicité. Les moins savants en matière de distillation peuvent les conduire et obtenir des résultats.

Ils se composent de la chaudière ou cucurbite, du chapiteau et *col de cygne*, et enfin du serpentin ou réfrigérant.

Au contraire, les appareils pour la production de l'alcool à titre élevé, sont d'une complication plus grande.

On les appelle alambics à colonne, à cause de celle-ci qui se trouve située sur la chaudière. La description de cet appareil nous conduirait trop loin et intéresserait trop peu les personnes pour que je m'y appesantisse davantage.

Nous donnerons du reste, par retour du courrier, à nos lecteurs intéressés, tous les renseignements, prix, croquis, etc.

Voilà, je crois, un aperçu suffisant de l'emploi des grappes de raisins secs, quant à la distillation.

Occupons-nous de leur utilité comme ferments acétiques.

La Fabrication du Vinaigre

Quand on veut obtenir de l'excellent vinaigre, on expose le marc de raisins secs, à l'air, en l'humectant légèrement avec du vin de presse, ou un peu d'eau; les grappes doivent former des tas, afin qu'elles puissent s'échauffer et fermenter; tous les deux jours environ on les agite pour activer l'acétification.

Il faut pourtant que la température ne soit pas trop froide, sinon la fermentation, ne pouvant être acétique, serait putride et butyrique. A 15 degrés environ, le vinaigre se forme assez facilement.

L'été, cette fabrication peut se faire en plein air, seulement les tas doivent être arrosés et remués souvent, car l'acidification du marc est rapide.

Sans cette précaution, le-marc se dessèche et empêche, par son état de dessication, toute fermentation.

Le moyen ordinaire de reconnaître que le vinaigre est fait, consiste, en général, dans la dégustation du liquide; quand on sent qu'il est d'un degré convenable d'acidité, on pressure de nouveau les marcs, pour extraire le produit de cette nouvelle fabrication.

Ce vinaigre doit être tenu dans des futailles au deux tiers pleines et à moitié bouchées; l'hiver, dans une température tiède, et l'été, en plein air.

Il ne tarde pas à devenir assez fort pour constituer lui-même une *mère*, de vinaigre, excellente.

La Nouriture des Animaux

Tous les marcs de raisins secs ne sont pas aussi propices, les uns que les autres, à la nourriture des animaux. Les qualités qui contiennent beaucoup de bois de grappes sont moins favorables et moins bonnes.

Les grappes de Corinthe, sont celles dont on peut faire la meilleure application à la nourriture du bétail.

Les grappes de Thyra, au contraire, très-aptes soit à la fabrication du vinaigre, soit au fumage de certaines qualités de terrain, ne peuvent presque pas s'employer pour donner en pâture.

A l'état frais et sortant du pressoir, le cheval mange volontiers le marc de raisins secs; pour le lui faire aimer, il convient de ne pas trop lui en donner à la fois.

Il faut aussi être certain que les grappes ne soient pas acides, car la bête les rejette et ne veut plus en manger.

J'ai nourri ainsi, pendant longtemps, variant sa nourriture avec du son et de la paille, un cheval poussif au suprême degré.

L'animal, que j'avais choisi à dessein dans cet état, au bout de deux mois de ce régime, se portait très-bien, avait engraissé et ne soufflait presque plus.

Les cochons s'engraissent aussi, très-bien, avec le marc de raisins secs en le pétrissant avec le son liquide et les pommes de terre qui font la base de leur nourriture.—J'ai fourni, à plusieurs éleveurs, des quantités considérables de grappes pour cet usage.

Quand on veut conserver longtemps, et en bon état, les grappes que l'on destine à la nourriture des vaches, brebis, etc., on suit la méthode suivante, qui m'est communiquée par un agriculteur, propriétaire d'immenses pâturages situés aux Milles, à Roquefavour et à Peyrolles, près d'Aix-en-Provence.

Voici comment s'exprime M. Fernand Montel dont nul ne peut contester l'expérience et les connaissances pratiques en la matière:

«Quand on se dispose à employer le marc de raisins secs, pour la nourriture des bestiaux, on doit s'attacher, au pressurage, à le sécher presque complètement par une grande pression; on évite ainsi les causes de fermentations secondaires qui nuisent à leur bonne conservation. On remplit ensuite des tonneaux, dans lesquels on le tasse le plus possible.

«Pour éviter le contact de l'air, on refonce, très soigneusement, les tonneaux, ou bien on les recouvre, d'une manière parfaite, avec de la terre argileuse préparée très purement; cet enduit s'obtient en faisant dissoudre de la terre d'argile, ordinaire, dans de l'eau qu'on laisse ensuite reposer pour en retirer l'argile à l'état de pâte très fine.»

C'est avec un véritable plaisir que je fais part à mes lecteurs de ce procédé, qui peut être utile à plusieurs d'entre-eux, propriétaires de bestiaux.

Les vaches et les brebis aiment beaucoup cette nourriture, mais il faut agir modérément à leur égard de crainte que leur lait ne se tourne.

L'Engrais Végétal

Les viticulteurs et agriculteurs, en général, ne se sont pas assez rendus compte des services que les marcs de raisins secs et frais pourraient rendre, relativement à leur emploi, pour le fumage des terres.

Le marc de raisins secs, non seulement constitue un engrais remarquable pour certains terrains, mais, est unique pour les qualités qu'il apporte avec lui.

M. Derbès, professeur d'histoire naturelle à la Faculté des sciences de Marseille, dont les savantes recherches, bien connues du monde scientifique, on fait tant apprécier les capacités, dit que les marcs de raisins secs pourraient trouver un emploi remarquable dans le fumage des vignobles.

«L'engrais le plus favorable pour la culture des prairies, des terrains gras ou argileux est assurément le marc de raisins mélangés de fumier de cheval.

«Par le mélange de ce dernier avec le marc de raisins secs, le terrain est soulevé, le tassement n'est plus possible, et l'action du fumier de cheval, dans cette terre, est complète. Ce qui n'a pas lieu en employant ce dernier engrais tout seul.»

Le fait qu'avance M. Derbès, est incontestable. Le marc de raisins divise la terre et permet aux racines des plantes de prendre toute la nourriture et l'espace dont elles ont besoin.

Les conclusions de ce savant méritent d'être citées. Ceci s'adresse aux agriculteurs possédant encore quelques vignes que la phylloxéra n'a pas atteint ou semble avoir oublié.

M. Derbès, ainsi que beaucoup de nos célèbres académiciens, s'occupe de la vigne, de sa maladie et des moyens de la combattre.

Après avoir assisté à bien des expériences qui, malheureusement, n'avaient abouti à aucun des résultats pratiques qu'on attendait d'elles, il conseilla le fumage des vignes avec du marc mélangé d'engrais.

Il appuyait son assertion sur un fait qui est indubitable.

Le marc de raisins, possédant au suprême degré les sels dont la vigne a besoin pour croître d'une façon robuste, remplissait, en l'employant ainsi, deux conditions importantes: la première, de créer autour du tronc des vignes, l'espace nécessaire au passage de l'eau, soit d'arrosage, soit de pluie.

La deuxième, d'éviter de fumer les vignes avec des engrais, dont quelquefois la force des matières qui les constituent, brûle les radicelles et entraîne à la mort beaucoup plus souvent et plus sûrement que le phylloxéra.

On peut essayer la méthode dont je viens de parler; là, peut-être, se trouve un moyen de délivrance.

La Fabrication du sous-acétate de cuivre, dit Verdet

Depuis longtemps déjà, les propriétaires des provinces du Midi se livrent à la fabrication du sous-acétate de cuivre, généralement appelé *vert-de-gris*, (et *verdet*) au moyen du marc de raisins frais.

A Narbonne, dans le département de l'Aude, cette fabrication qui est assez étendue, m'a donné l'idée d'en faire l'application, au marc de raisins secs.

On peut essayer de la manière que M. H. Pinel, propriétaire et fabricant de produits chimiques, à Labruguière (Tarn), l'indique pour le marc de raisins frais.

«On étend les marcs, légèrement humides dans des caves d'une température tiède. On fait des couches d'une épaisseur de 20 à 50 centimètres suivant la quantité qu'on veut produire. On place sur le marc ainsi étendu, des feuilles de cuivre minces que l'on recouvre de nouveau avec du marc. Il se produit de l'acétification au contact des feuilles qui s'oxydent et produisent le sous-acétate de cuivre.

«Pour recueillir ce sel, des femmes frappent sur les feuilles ou les grattent avec des instruments pour faire tomber le vert-de-gris.

«Les plaques de cuivre, que l'on choisit de préférence, sont des plaques en mauvais état ayant servi au doublage des navires.»

La Fabrication du Carbonate de potasse

Le marc de raisins secs donne aussi d'assez brillants résultats, quand on retire du carbonate de potasse.

Dans ce cas on le brûle: 1,000 kilog. de marcs donnent environ 120 à 125 kilog. de cendres, pouvant fournir 26 à 25 kilog. de carbonate de potasse.

Emploi des Pépins

Les marcs des raisins secs peuvent servir de nourriture à la volaille.

Les pépins sont un engrais recherché pour les gallinacés.

J'ai nourri chez moi, durant trois mois, environ, toute une couvée de poules, errant en liberté, picotant à droite et à gauche les pépins et les grappes qui, à la suite des diverses manipulations, gisaient sur le sol.

On peut extraire des pépins une huile essentielle très recherchée par certaines industries. Je porte ce fait à la connaissance des fabricants, qui jugeront le parti qu'ils pourront en tirer.

Les pépins peuvent aussi servir à la préparation du tannin de raisins.

Cette question, excessivement sérieuse, doit attirer l'attention des viticulteurs et producteurs. Les vins de raisins secs sont généralement pauvres en tannin.

L'addition de cette substance est considérée, par tous les œnologues, comme un préservatif des plus efficaces contre les altérations du vin.

Maumené indique le moyen de préparer du tannin avec les pépins, par un procédé chimique.[37]

Ainsi qu'on l'a vu, les marcs de raisins secs offrent une grande variété d'applications.

Les fabricants pourront, suivant leurs besoins et leurs goûts, en tirer les conséquences qu'ils jugeront les plus favorables à leur industrie.

CHAPITRE XVIII

De la mise en futaille et des soins à donner aux Vins

Les vins de raisins secs, une fois terminés, demandent, comme les vins de vendanges, de grandes précautions pour leur logement dans les tonneaux.

Il convient que le fabricant prépare, au moment du décuvage, des tonneaux d'une grande propreté.

Je ne ferai point ici la description des bois qui sont, plus ou moins préférables, pour loger le vin.

Les bois de chêne et de châtaignier, dont la plupart de nos foudres sont construits, offrent toutes les qualités requises pour cela.

Les soins à donner aux tonneaux vieux sont très importants; les vins s'emparant avec la plus grande facilité des moindres goûts, bons ou mauvais. Les tonneaux qui seraient restés longtemps sans contenir du vin, ont besoin d'un énergique lavage.

Il en est de même pour l'emploi des tonneaux ou futailles neuves.

Voici les diverses méthodes généralement employées pour préparer les tonneaux.

Quand le tonneau, quoique vieux, a déjà contenu du vin, on le lave avec de l'eau froide en le remuant fortement (si les dimensions du tonneau ou de la futaille le permettent), après y avoir introduit une chaîne de fer, qui détache toutes les impuretés qui ont pu se loger sur les douves.

Quand les tonneaux, en bois de chêne ou autres, sont neufs, de crainte qu'ils ne communiquent aux vins des mauvais goûts, on les rince d'abord avec de l'eau bouillante dans laquelle on a jeté du sel; après cette opération, quand les tonneaux sont bien égouttés, on pratique avec de l'eau froide comme je le disais plus haut.

Voici une autre manière d'employer le moyen que je viens de donner pour les bois neufs:

On passe de l'eau chaude salée à plusieurs reprises dans les futailles, on agite ce liquide avec soin, et on l'y laisse séjourner assez longtemps pour qu'il en pénètre le tissu et extraie le principe nuisible.

Si les tonneaux, dont on veut se servir pour la fabrication du vin de raisins secs, sont trop vieux, et si l'on craint qu'ils aient contracté quelques mauvaises qualités, telles que: moisissure, goût amer, de sec, etc., il faut les défoncer et les brûler. Il est possible, quoique difficilement, de faire disparaître ces graves défauts, mais il est à craindre qu'ils ne reparaissent.

Quand les foudres et les tonneaux ont de trop grandes proportions, le meilleur moyen pour arriver à un bon résultat, sans beaucoup de frais, est celui-ci: On fait entrer dans le foudre, une personne qui nettoie les parois et enlève les moisissures, en changeant l'eau, jusqu'à l'obtention d'une parfaite limpidité. On laisse sécher à l'air.

On met ensuite dans l'intérieur du foudre des morceaux de pierre à chaux, en plus ou moins grande quantité, suivant sa capacité.

On verse sur ces pierres à chaux de l'eau froide, en fermant, immédiatement après, toutes les issues: trou de bonde et porte; peu à peu, au contact de l'eau, la chaux développe en bouillant une vapeur considérable qui force les bois des douves intérieures à *pleurer*, suivant l'expression des tonneliers.

De temps en temps on laisse dégager la vapeur par le trou de la bonde.

Sans cette précaution, la dilatation de la vapeur ferait éclater le vaisseau; on peut laisser la chaux dans l'intérieur durant plusieurs heures. On lave ensuite le tonneau à grande eau froide.

Quand les tonneaux ont seulement besoin d'être mis en état, on emploie, avec succès, le vin chaud dans lequel on a fait dissoudre du sel ordinaire, pour les laver et les rendre aptes à recevoir le vin.

L'odorat ne suffit pas toujours pour reconnaître si les foudres ou les futailles sont propres à contenir le vin. Pour être certain de leur bonne disposition, il suffit de plonger dans la barrique ou le tonneau, par le trou de la bonde, un morceau de mèche soufrée[38], allumée et fixée au bout d'un fil de fer. Si la mèche soufrée s'éteint c'est que l'intérieur du fût a besoin d'un nouveau nettoyage.

Dans les tonneaux, dont les douves intérieures ont gardé de la lie qui s'est acétifiée ou qu'il s'est produit quelques fermentations putrides, la mèche soufrée s'éteint immédiatement; il faut alors chasser, au moyen d'un soufflet, l'air corrompu que peut contenir la futaille.

Pour cela, on fait arriver au fond de la barrique, au moyen d'un tuyau, l'air nouveau qu'envoie le soufflet; au bout de quelques instants, l'atmosphère de l'intérieur du fût est complètement purifiée; on en acquiert la preuve en y présentant la mèche soufrée.

La préparation, la plus nécessaire, à faire subir aux foudres qui doivent recevoir le vin de raisins secs, est d'abord le *soufrage*.

Le vin de raisins secs, quoique ayant fermenté régulièrement, est sujet, beaucoup plus que le vin de raisins frais, à subir l'influence des fermentations secondaires.

Il est donc important de paralyser au plus tôt les ferments qui y demeurent.

Presque tous les vins, difficiles à clarifier, ont entre autres causes, celle que je viens de citer. Il faut donc prévenir ce danger. Lorsque le tonneau, qui doit recouvrir le vin, est dans l'état de propreté voulu, on doit brûler à l'intérieur plusieurs mèches soufrées.

Les tonneaux gagnent beaucoup à cette opération; l'acide sulfureux, qui se dégage, en brûlant, pénètre dans les pores du bois et y tue les animalcules qui pourraient y demeurer; d'un autre côté, le vin de raisins secs, comme je l'indiquerai plus loin, subit l'influence de ce premier *mutage* qui est très important.

J'ai parlé précédemment de la fermentation *lente* ou *insensible*, ainsi nommée à cause du caractère particulier qu'elle présente. Elle est sans chaleur, lente, et presque sans dégagement d'acide carbonique.

Ce qui donne naissance à cette nouvelle fermentation, est la petite partie de sucre, non transformée au moment du décuvage; il se développe un peu d'alcool, mais la quantité en est d'une très petite importance.

Les vins de raisins secs éprouvent plus qu'aucun autre vin cette seconde fermentation. Le fabricant doit donc attacher un grand intérêt à connaître les moyens de la conduire et surtout de l'arrêter.

Quand on décuve le vin de raisins secs il est généralement trouble; une grande partie de matières, soit terreuses, soit gommeuses, inhérentes à cette qualité de boisson, s'échappent avec elles dans les tonneaux. On laisse reposer le vin dont la grosse lie se précipite; au bout de quelques jours on transvase le vin, auquel on applique les moyens de bonification et de conservation, dont je vais parler aux chapitres suivants, et qui se résolvent dans: le *soufrage*, le *collage* et le *soutirage.*

Les grosses lies de vins de raisins secs, se recueillent facilement, avec des copeaux de bois de hêtre. J'ai fait plusieurs expérience dans ce sens, qui m'ont prouvé combien il était facile de séparer, très vite, la lie de la masse du vin.

J'ai employé, de préférence, les copeaux de hêtre, à l'état naturel, pour le tannin que ce bois contient en assez grande quantité. On ne peut faire ici qu'un usage restreint des copeaux, à cause du goût qu'ils peuvent communiquer au vin, à moins qu'ils ne soient bouillis.

L'explication de l'emploi de ces copeaux, est facile à donner: Plus le vin, dans les tonneaux, trouve de surface, plus la lie se sépare promptement.

Les copeaux de bois de hêtre sont surtout nécessaires pour aider la précipitation des lies de vins de raisins secs à degré élevé. Il est beaucoup plus facile d'obtenir des produits brillants, et en peu de jours, quand le titre alcoolique est de 7 ou 8 degrés. Dans les vins de 12 degrés et au-dessus, malgré tous les soins qu'on peut prendre, pour faciliter la transformation du sucre en alcool au moment de la fermentation tumultueuse, il en reste une petite partie qui ne se transforme qu'après. Cela tient, dans le premier cas, à la différence d'eau de fabrication qui, à cause de sa quantité, dissout complètement la partie sucrée, tandis que dans le second cas, l'eau mise avec parcimonie, est presque saturée de sucre.

Quand le vin de raisins secs vient d'être décuvé et qu'il repose dans les tonneaux, il faut bien se garder de les remplir et de fermer complètement la bonde. On laisse durant deux ou trois jours, suivant la bonne qualité des vins qu'on a fabriqués, le bouchon posé simplement sur le trou de la bonde. Cette précaution a pour but, dans le cas d'une reprise de fermentation, de donner passage à l'acide carbonique qui peut se développer et éviter ainsi un accident.

La température du vin, sortant de la cuve à fermenter, est toujours beaucoup plus élevée que celle du tonneau dans laquelle il arrive. Le vin de raisins secs subit l'influence de ce changement plus que ne le subissent bien des vins; le froid paralyse très facilement, chez lui, la fermentation; la transition qu'il éprouve en passant de la cuve dans les foudres, peut être utilisée d'une manière très favorable pour le fabricant.

Si l'on veut conserver les vins, pour leur permettre de se terminer complètement et développer leurs qualités, au bout de quelques jours, on ferme complètement les tonneaux, afin d'éviter le contact de l'air. Le fabricant doit savoir que l'acide acétique ou vinaigre, qui se forme avec la plus grande facilité dans les tonneaux où l'air a pénétré, est une combinaison d'oxygène et d'alcool. Il est essentiel, alors, de ne point laisser se former le vide dans les futailles. Ce dernier fait tient à l'évaporation qui se produit par le dégagement de l'acide carbonique, dont le vin était saturé au sortir de la cuve, et dont il a pu se former une petite quantité depuis le décuvage.

Il faut remplir sans cesse, pour remplacer le liquide manquant. Pour que le tonneau soit en bon état de conserve, il est nécessaire que le bouchon de la bonde soit toujours humecté par le vin. Quand on peut le faire, il convient même que la bonde soit un peu tournée de côté, de façon que le bouchon soit en contact continuel avec le liquide, ce qui empêche l'air de pénétrer, et évite l'opération presque quotidienne du remplissage des tonneaux. Cette opération, qu'on nomme *ouillage*, consiste comme on vient de le voir, à combler tous les 2, 4 ou 15 jours, le vide que l'évaporation a fait.

Quand le vin de raisins secs est de degré alcoolique bas, qu'on n'a pas ajouté de l'Extrait Vinicole[39] et que l'ouillage n'a pas été régulièrement pratiqué, il se couvre souvent de *fleurs*. Dès qu'on s'en aperçoit, on doit s'empresser d'ouiller, pour faire disparaître l'altération que le vin subit.

Il ne faut pourtant pas ouiller en versant le vin directement; celui-ci, en tombant, refoulerait le vin gâté qui est au-dessus, et le mélangerait avec l'autre. Pour éviter cet inconvénient, on fait arriver le vin, qui sert à faire le plein, par le bas du fût: on plonge dans la barrique un tube en verre léger; en l'introduisant, on ferme hermétiquement l'extrémité que l'on tient dans la main; quand le tuyau arrive au fond, on le soutient pour qu'il n'agite pas la lie qui pourrait troubler le liquide et on vide le vin au moyen d'un entonnoir. Le liquide, qui arrive lentement dans la futaille par les couches inférieures, force, quand le tonneau est plein, les couches supérieures à se déverser, et avec elles, les *fleurs*. Il se perd bien un peu de liquide, mais la quantité est insignifiante et ne vaut pas la peine qu'on s'y arrête.

Je vais indiquer, maintenant, les soins qu'on donne au vin pour obtenir des produits irréprochables et de conserve. Ils sont bien simples, et déjà probablement connus de la plupart de mes lecteurs. Je ne m'étendrai donc que sur les innovations que je croirai pouvoir se rattacher, d'une manière particulière, aux vins de raisins secs; mais qu'on pourra appliquer avec succès aux autres vins.

CHAPITRE XIX

Du Soufrage

On appelle *soufrer*, *mécher* ou *muter* un vin, l'action de l'imprégner de vapeur sulfureuse par la combustion de mèches soufrées.

La manière de composer les mèches soufrées, varie dans beaucoup de régions vinicoles. La plupart des fabricants, viticulteurs ou négociants, emploient la mèche soufrée ordinaire qui se compose de morceaux de toile, de un à deux centimètres de largeur, trempé dans le soufre fondu. Quelques-uns se servent de petites mèches appelées *soufrettes*; ce sont des morceaux d'attaches, minces, préparés de la même manière. Je signalerai aux personnes qui emploient ces sortes de mèches, les inconvénients qui peuvent naître, pour les tonneaux et surtout pour le vin, des émanations méphitiques, provenant de la combustion de la toile qui sert à la confection des mèches.

Un grand nombre d'altérations des vins, dont on recherche avec difficulté la cause, proviennent de là.

J'évite ce danger en faisant préparer les mèches à soufrer de la manière suivante:

Au lieu d'employer les chiffons comme base, je me sers du papier, trempé préalablement dans l'esprit de vin. On devine tout de suite l'avantage immense que l'on recueille avec ce moyen de préparer les soufrettes. La combustion du papier se fait en entier, sans dégagement de mauvaise odeur.

Je recommande tout particulièrement l'emploi de ce genre de mèches, dont toutes les personnes qui s'occupent de vin en général, reconnaîtront bien vite l'incontestable supériorité.[40]

Comme j'ai déjà eu l'occasion de le dire plus haut, le moyen le plus énergique, pour arrêter la fermentation dans les vins de raisins secs, est le mutage au soufre. Les ferments, qui peuvent se trouver encore dans le vin, n'y demeurent qu'à cause de la présence de l'oxygène que le moût avait absorbé au moment de la fermentation et dont il reste encore une petite partie. L'acide sulfureux, qui se dégage par la combustion du soufre, très avide d'oxygène, s'empare et enlève celui qui peut se trouver en dissolution dans le vin et dans les lies. Les principes fermentescibles cessent d'exister sitôt la disparition de ce gaz. D'un autre côté, l'acide sulfureux, se combinant avec l'oxygène, forme de l'acide sulfurique dont tout le monde connaît les propriétés pour la destruction des corps organiques.

Par ces deux actions, concourant au même but, le soufre peut être regardé comme un des agents les plus actifs pour détruire les fermentations et en préserver les vins.

Les vins de raisins secs, à cause de leur nature et surtout des époques dans lesquelles on les fabrique, sont plus portés à voir naître chez eux des fermentations acétiques que les vins récoltés seulement en automne. Pour prévenir cet accident, on doit toujours, au moins légèrement, *muter* le vin de raisins secs au soufre.

Il est des cas où le mutage est indispensable. Dans mon ouvrage sur la fabrication des vins d'imitation[41], j'ai démontré combien, pour conserver la partie liquoreuse nécessaire aux imitations que l'on projette, il faut arrêter la fermentation par un fort mutage au soufre d'abord et à l'alcool ensuite.

Le soufrage a pour but donc de faire dissoudre, dans le vin, le gaz sulfureux.

Il existe plusieurs manières de muter les vins au soufre. La plus ancienne consiste, pour un demi-muid de 500 litres, par exemple, à y verser 50 litres de vin et à faire brûler une mèche soufrée de 4 centimètres en carré. On ferme, avec la bonde, et on agite dans tous les sens pour faire dissoudre le gaz sulfureux dans le vin. Cette solution est facile, mais elle n'est pas pratique.

M. Maumené[42] a dit que 30 litres, versés dans un 1/2 muid, peuvent facilement absorber l'acide sulfureux produit par la mèche qu'on y a brûlée. On recommence la même opération à mesure qu'on a versé 30 litres de nouveau vin, et ainsi de suite, jusqu'au remplissage complet. Dès la seconde mèche la combustion du soufre n'est plus possible, à cause du manque d'oxygène absorbé par l'acide sulfureux; on débonde la futaille, et on souffle fortement, dans l'intérieur, au moyen d'un soufflet. Après chaque mèche on recommence l'opération afin de renouveler l'air.

En faisant le mutage dans ces conditions, on sature le vin d'acide sulfureux. Il est ce qu'on appelle *muet.* On opère ainsi, en vue de certaines destinations que l'on doit donner au vin.

Généralement, le mutage ne se fait pas à un tel degré, et il suffit d'arrêter les tendances du vin à fermenter; pour cela les proportions minimes suffisent. On peut fortement soufrer le tonneau qui doit recevoir le vin au sortir de la cuve. On peut aussi ne le remplir qu'à moitié, et y faire brûler chaque jour quelques mèches, en fouettant pendant quelques instants le vin.

Le moyen que j'ai donné pour le mutage du vin de raisins secs, est le premier, il est vrai, qu'on ait employé, et le plus répandu, mais c'est aussi un moyen bien primitif.

Conçoit-on les difficultés qui se dresseraient devant le fabricant, s'il était dans l'obligation de muter fortement ses vins, et qu'il en eut 200 ou 300 hectolitres à préparer ainsi par jour. Je dirai même que cela me paraît impraticable.

Mutoir Audibert

J'ai inventé un appareil, que j'ai appelé le *Mutoir Audibert*, que tout le monde peut reproduire. Le travail énorme qu'exigeait la méthode ancienne, n'existe presque plus de fait, et la quantité d'acide sulfureux qu'on peut introduire dans le vin est illimitée. On peut arriver à la complète saturation du liquide. Dans le procédé précédent, l'acide sulfureux ne se mélangeait qu'avec beaucoup de peine au vin. Pour éviter cet inconvénient, je pratique ainsi:[43] je fais brûler du soufre sous une cloche ou entonnoir, auquel est adapté un tuyau qui conduit la vapeur sulfureuse dans un tonneau vide.—Plus le foudre est grand, meilleure est l'opération.—Je fais couler par la bonde de ce tonneau, le vin que je veux muter, en ayant soin de le diviser le plus possible, soit avec une sorte de peigne d'arrosoir, soit de toute autre manière; l'essentiel est que le vin tombe dans le tonneau par une infinité de petits trous, et presque goutte à goutte.

On le recueille à mesure, dans d'autres fûts, complètement muté, par le robinet du bas. Si un premier passage ne suffit pas, on le fait repasser de nouveau jusqu'à l'obtention du degré de saturation auquel on vise.

Le lecteur devine le résultat que l'on obtient: le vin, en se précipitant du haut du tonneau presque en poussière, absorbe avec la plus grande facilité le gaz acide sulfureux qui le pénètre sans peine. Le peu de résistance que lui opposent les minces filets de vin qui s'échappent de la bonde, fait que celui-ci s'en imprègne complètement dans sa traversée du sommet à la base.

Ce moyen est réellement pratique et peut rendre de véritables services. On peut, suivant les proportions que l'on donne à ce genre d'appareil, muter de 500 à 1,000 hectolitres de vins de raisins secs ou frais, par jour.

De la nécessité du Soufrage

Comme on le voit, le soufrage est une des opérations les plus importantes. Son emploi s'impose partout où se trouve entreposé du vin. Le viticulteur ou fabricant ne doit jamais tirer du vin d'un tonneau sans y brûler ensuite un morceau de mèche soufrée; l'été, c'est *indispensable.*

Voici l'explication de cette mesure: Le vin, qu'on retire d'un tonneau, laisse un vide qu'occupe l'air instantanément. Ce grand véhicule des ferments acétiques, une fois introduit dans la barrique, occasionne au vin, si on ne prend soin de l'en chasser immédiatement, une foule d'altérations telles que: les *fleurs*, un commencement de piqûre, etc.[44]

Le remède le plus simple, est de brûler dans le tonneau un morceau de soufrette. La vapeur sulfureuse emplit le vide qui peut exister et maintient le tonneau à l'état plein.

Cette opération a besoin d'être renouvelée de temps en temps pour les tonneaux en vidange, car l'acide sulfureux, sous l'influence de l'oxygène qui se combine avec lui pour former de l'acide sulfurique, disparaît au bout d'un certain temps.

Il arrive, parfois, que dans un foudre en vidange, la mèche soufrée ne peut pas brûler. On doit s'empresser, dans ce cas, si on le peut, de transvaser le vin, sinon, et en attendant de pouvoir le faire, d'en chasser l'air corrompu qui se trouve dans le tonneau au moyen du soufflet, jusqu'à ce que la combustion de la soufrette puisse s'opérer.

Je vais maintenant traiter le sujet du *collage*, sans lequel aucun produit vinicole ne pourrait obtenir les qualités telles que: la franchise de goût, la certitude d'une longue conservation et surtout la limpidité, qui sont l'apanage du bon vin.

CHAPITRE XX

Du Collage

Outre l'opération du soufrage, il en est une autre essentielle pour le fabricant: Le *collage*. Le collage lui permettra de livrer au commerce son produit d'une façon irréprochable, dans un laps de temps assez court.

Le vin contient, naturellement en suspension, une grande quantité de matières qui se précipitent difficilement; il est même de ces impuretés, qui pourraient devenir de sérieuses causes d'altérations, si on ne les écartait pas: de là, la nécessité de la clarification.

Louis Figuier a, dans ses *Merveilles de l'industrie* (série 32), traité cette question d'une façon scientifique et très pratique.

Les moyens employés pour le collage des vins de raisins secs et les plus usités sont:

Les gélatines;

L'albumine ou le blanc d'œuf;

Le sang frais ou *cristallisé*;

Le lait ou sa crême;

Des préparations, à base d'une ou d'autre de ces matières, livrées à l'industrie sous le nom de *poudres clarifiantes* et autres.

Enfin, la *Colle Diamant.*

La colle, qui occupe le premier rang parmi celles dont on se sert pour le collage de certains vins et surtout des liqueurs, est la colle de poisson.

C'est une substance très pure, qui offre les meilleures garanties sous ce rapport.

Cependant, je ne conseillerai pas son emploi aux fabricants de raisins secs, à cause des graves conséquences qu'elle pourrait avoir pour ce vin, dont la quantité de tannin est parfois minime (surtout dans les vins à degrés faibles).

Le fabricant doit comprendre le danger qui existe pour les vins de cette addition d'une manière azotée, soluble, éminemment putrescible.

De là peuvent naître une foule d'altérations, dont la première et la plus grave serait la fermentation putride.

Il est des provinces, en France, où l'on se sert, pour le collage, des gélatines ordinaires, des colles d'os, des colles de tendons, des colles de peaux[45].

Les colles d'os sont loin d'être toujours préparées avec des matières bien fraîches; de plus, et généralement, elles conservent du phosphate de chaux.

Les colles de tendons, de peaux, offrent aussi de très graves inconvénients; la plupart sont préparées avec des membranes ayant déjà subi un commencement de putréfaction. Il faut donc mettre complètement de côté ce genre de collage pour notre industrie.

Les blancs d'œufs, dont l'emploi est universel, tiennent leur pouvoir d'agir, sur les vins, par l'*albumine* qu'ils renferment.

Cette matière diffère peu de la gélatine; elle est presque inaltérable.

Pour les vins en tonneaux, on les emploie de la manière suivante: on sépare, dans un plat, les blancs, des jaunes d'œufs, à raison de un blanc par hectolitre[46]; on les bat fortement, jusqu'au moment où ils sont en *neige*.

Après cette préparation, on verse un peu de vin sur les blancs, afin de les mélanger intimement avec celui qu'on veut coller.

Pour aider et faciliter le collage, on peut ajouter une poignée de sel blanc aux œufs; on prépare, ainsi, la colle plus facilement; l'albumine, sous l'influence du sel, se dissout dans l'eau promptement.

Il se forme, alors, par la combinaison de ces deux matières, un réseau dont l'insolubilité apporte le meilleur concours à la parfaite réussite du collage.

Dans les villes où l'on peut trouver facilement du sang de bœuf, et qu'on est *certain* de sa fraîcheur, les fabricants de vins de raisins secs pourront aussi l'employer.

A défaut, on peut se servir du *sang cristallisé.*

La Colle Diamant.—Après bien des tâtonnements, depuis les premières éditions, j'ai pu enfin résoudre cette importante question du collage pour les vins en général et surtout ceux de raisins secs. Il suffit de faire un seul essai, pour employer la *Colle diamant* de préférence à tous les autres moyens de collage. L'albumine des œufs ou du sang agit comme clarifiant, chacun le sait, par son action sur le tannin. Il s'en suit une perte regrettable pour les vins dont cet énergique agent de conservation est le principal soutien.

Avec la *Colle diamant* le danger est écarté, ce qui nécessite son emploi et le rend indispensable pour les vins.

La *Colle diamant*, donc, rend le grand service de clarifier un vin, non malade, sans le dépouiller de son tannin et sans qu'il soit nécessaire d'ajouter cette substance, toujours chère et rarement pure.

La *Colle diamant* est le plus efficace collage pour les vins en général et ceux de raisins secs en particulier; elle est bien supérieure aux œufs. D'un autre côté, non seulement ceux-ci sont généralement trop chers, mais le sang de bœuf, à l'état frais, est lui-même presque introuvable dans certaines villes et notamment dans nos campagnes. Ce moyen de collage est donc un véritable service rendu au commerce des vins.

L'action de la *Colle diamant* ressemble à celle des blancs d'œufs; cela s'explique aisément: la première est à base de sélicate d'alumine dont les effets sont bien connus.

Voici le résultat convaincant obtenu par un des plus éminents chimistes, M. Macagne, sur le même vin, clarifié dans les mêmes proportions avec de l'albumine d'œufs ou de sang, d'une part, et de la *Colle diamant*, d'autre part. Le vin non clarifié contenait 0,91 de tannin. Après le collage, avec de l'albumine il n'en avait plus que 0,91, tandis qu'avec la *Colle diamant* il en avait conservé 0,89!! De plus, le vin avait pu être soutiré quatre jours plus tôt, ce qui est un avantage considérable.

Pour l'employer, on pratique comme pour les blancs d'œufs.

La *Colle diamant* a de plus, sur la colle de blancs d'œufs, comme je l'ai dit, l'avantage de tomber plus vite que celle-ci; la lie est lourde et tend moins à remonter dans le vin.

Dans l'industrie des vins de raisins secs, cette qualité est bien à remarquer. On vise généralement à obtenir de bons produits dans le plus court espace de temps; on ne doit donc pas dédaigner une circonstance aussi importante.

La quantité de *Colle diamant* à employer, varie comme pour les blancs d'œufs, suivant la capacité des futailles et l'état du vin à clarifier.

Pour un hectolitre de vin, voici comment on l'emploie: Il suffit de mettre 50 grammes de *Colle Diamant* dans 4 ou 5 litres de vin. On s'en sert ensuite exactement comme des œufs ou du sang à l'état frais. On bat la *Colle Diamant* pendant un moment, avec un kilo de gros sel environ par 15 hectolitres de vin. Quand elle est bien battue et écumante on y verse un peu de vin avec lequel on la délaie, et on vide le tout dans le foudre ou barrique qui contient le vin à clarifier[47].

Le lait est aussi considéré par les œnologues, comme une substance pouvant servir de colle pour les vins. Ce qui l'a désigné à l'attention des industriels, est la présence, dans ce liquide, d'une matière très analogue à la gélatine et à l'albumine. La chimie lui a donné le nom de *caseïne.*

Les manières d'employer le lait sont variées. Quelques-uns le versent ainsi à froid, sans aucune préparation; d'autres recueillent la crême, dont ils se servent uniquement; enfin, il en est qui le font bouillir.

La manière d'employer cette colle ne diffère pas des précédentes, car on ajoute aussi du sel, et on la prépare comme les blancs d'œufs et le sang.

Les fabricants de vins de raisins secs ne doivent pas s'en servir. Avec le lait, on introduit dans le vin le sucre de lait dont cette substance est assez largement pourvue; or, ce sucre est susceptible, par sa composition, autant que le sucre de raisins, d'éprouver les diverses fermentations alcooliques et surtout lactiques et butyriques.

On a bien proposé de coller le vin avec des matières toutes différentes de celles qui précèdent, mais je n'en parlerai pas, vu le peu d'importance que ces détails pourraient avoir pour mes lecteurs. Chacun du reste peut, dans les traités de chimie, voir les applications nombreuses que les savants ont réservées à cette partie de la science des vins.

Du Fouettage

La colle, versée dans le tonneau, ne remplirait point le but qu'on se propose si elle y demeurait sans être intimement mélangée au vin. C'est le *fouettage* dont je veux parler.

J'appelle d'une façon toute particulière l'attention des producteurs sur ce sujet.

Le collage ne peut avoir un effet solide que par l'opération d'un énergique fouettage.

Le vin de raisins secs contient, en suspension, une grande quantité de matières gommeuses dont les fibres reliées entr'elles forment un immense réseau, offrant une résistance véritable à l'action précipitante de la colle. Il faut rompre et diviser le plus possible cette sorte de filet, et mélanger la colle au vin le plus intimement.

Pour cela, après avoir vidé dans le tonneau la colle que l'on veut employer, on se sert habituellement, d'un instrument appelé *fouet*, et auquel chaque pays vinicole donne une tournure différente.

Ceux dont je me sers, et que je conseillerai à mes lecteurs, se compose d'un manche en bois ou en fer de 1 m. 25 environ,[48] au bout duquel est fixée une lame de fer percée de trous et recourbée comme une pioche, de 0 m. 30 centim. de long sur 0 m. 03 centim. de large et 0 m. 01 cent. d'épaisseur.

Au bout de la lame de fer, est attaché quelquefois un morceau de chaîne de 0 m. 30 cent. environ de longueur.[49]

Pour fouetter, un ouvrier monte sur le tonneau, introduit la tige recourbée dans la bonde, et enfonce avec un coup sec et nerveux le fouet dans la direction de l'angle d'un fond.

Le vin bouillonne dans l'intérieur du foudre, avec une telle force qu'il en soulève presque le tonneau; l'opération se répète ainsi pendant 25, 30, 40 ou 50 minutes, suivant le degré d'impureté dans lequel se trouve le vin que l'on colle.

L'ouvrier, qui ne s'est jamais servi de cet instrument, peut être embarrassé au début, mais il en acquiert vite l'habitude, en se rappelant les principes suivants: plus on multiplie le nombre des coups de fouet, moins on agit sur le vin; plus le coup est sec, plus le vin bouillonne. En un mot, l'ouvrier, chargé de ce travail, doit lancer le fouet comme s'il avait le fond du foudre à démolir; en frappant dans l'angle, sans l'atteindre.

La longueur du manche du fouet, pour le tonneau, doit être calculée de telle sorte, qu'il manque 20 centimètres environ pour toucher le point que je signale.

Plus le vin est fouetté fortement, plus l'action de la colle se fait sentir promptement.

Il y va donc de l'intérêt du viticulteur ou du fabricant, de veiller à ce que cette opération soit faite suivant toutes les conditions voulues.

CHAPITRE XXI

Du Soutirage

Après les diverses opérations que je viens d'énumérer, les vins de raisins secs sont, de fait, terminés.

Le fabricant devra cependant veiller attentivement sur eux pour pratiquer le soutirage des vins.

Dès que le collage a produit l'effet que l'on attend de lui, on doit s'empresser de retirer le vin limpide du tonneau.

On ne peut être réellement certain de la qualité de son vin et de sa durée, qu'une fois mis en futaille, complètement dépouillé et débarrassé des matières qui peuvent y faire naître des complications.

Le soutirage est donc une chose importante: c'est le couronnement de l'œuvre.

On s'assure de la limpidité du vin, ce qui est facile, et on soutire dans des barriques bien soufrées.

La manière de soutirer les vins, demande encore des précautions infinies, qui ne pourront paraître indifférentes qu'à ceux qui ne savent pas quel est l'effet de l'air atmosphérique sur ce liquide.

Le temps le plus favorable, pour le soutirage des vins de raisins est le temps sec et froid. On choisit toujours une journée, si c'est possible, où le vent du nord souffle. Il est de fait que ce n'est qu'alors que le vin est bien déposé. Les temps humides, les vents du sud les rendent troubles, et il faut se garder de soutirer quand ils règnent.

Il est des régions où les soins qu'on donne au soutirage sont extrêmes; la différence des vins d'abord et leur prix ensuite, justifient jusqu'à une certaine mesure ces précautions. Mes lecteurs me sauront gré de leur apprendre les méthodes suivies par certains agriculteurs; la plupart soutirent, généralement le vin, d'un robinet placé à une hauteur convenable du fond de la barrique, pour éviter que le vin, en s'écoulant, ne détermine des mouvements dans la lie. C'est le plus simple et le plus répandu des procédés du soutirage.

Il y a bien à craindre, il est vrai, l'action de l'air sur le vin, mais on l'évite, assez facilement en plaçant au robinet d'où s'échappe le vin, un tuyau en caoutchouc qui le conduit jusque dans la barrique, déjà préparée. Le danger n'est donc point aussi manifeste que certains œnologues ont voulu le dire.

On peut soutirer le vin au moyen d'un syphon qu'on fait plonger d'une part dans le tonneau que l'on veut transvaser, en s'assurant préalablement de la profondeur pour ne pas troubler la lie, et d'autre part dans le fût qui doit recevoir le vin.

Il est certain que le soutirage par la pression est encore préférable, mais impraticable pour un grand nombre de fabricants et de viticulteurs.

Ce moyen est surtout usité dans le Bordelais. Les caves bordelaises ne contiennent généralement que des barriques de ce nom; or, leur petite contenance, 228 litres, force les viticulteurs à entasser ces futailles les unes sur les autres, pour gagner en hauteur la place qu'ils perdraient dans les caves si les barriques étaient placées à côté les unes des autres.

Afin de pouvoir soutirer le vin logé dans ces conditions, et cela sans courir les risques de remuer la lie, on emploie la pression; c'est-à-dire qu'on chasse par le soutirage avec une pompe ou un soufflet *ad hoc*, le vin des barriques qui s'échappe ainsi automatiquement, par la pression atmosphérique. On le dirige par des tuyautages dans les fûts superposés qui doivent le contenir. De la sorte le vin, dont le prix est élevé, ne risque jamais de s'éventer, ni de tourner.

C'est à l'aide des diverses opérations que je viens de décrire, qu'on purge, qu'on purifie, qu'on enlève au vin de raisins secs toutes les matières qui pourraient déterminer des fermentations mauvaises ou nuire à sa conservation.

La cave qui renferme le vin prêt à être livré au commerce, doit préoccuper le fabricant. Il importe, pour éviter des désagréments, qu'elle soit située dans un endroit frais et humide: l'excès de cette dernière recommandation, nuirait cependant au vin et déterminerait la moisissure des bouchons, tonneaux, etc. Je signalerai aussi l'inconvénient qui existe, l'été surtout, à loger les futailles, contenant le vin complètement terminé, dans le cellier où l'on presse les grappes. L'acide acétique, qui se forme sur elles et sur les instruments qui servent à fabriquer le vin, se répand avec la plus grande facilité dans l'atmosphère: les vins, en bon état, ne peuvent que perdre à ce voisinage. Quel est celui de nous dont l'odorat n'a pas surpris cette odeur pénétrante en arrivant dans un cellier où l'on a pressé des grappes de raisins?

Je ferai la même observation pour le voisinage des cuves servant à la fermentation.

Généralement, je le sais, les viticulteurs et fabricants n'ignorent pas ces recommandations, mais il en est qui, à la connaissance de ces détails, sépareront les vins collés de la salle de cuvage, ne sachant pas les conséquences graves que cette circonstance pourrait susciter à leur vin.

CHAPITRE XXII

Des altérations du Vin de Raisins secs, leurs causes et leurs remèdes

Les vins sont terminés, c'est-à-dire limpides et francs de goût. Le but que nous avons poursuivi est atteint.

Mais, il me reste encore à décrire les altérations et maladies auxquelles les vins de raisins secs peuvent être sujets, les remèdes à employer pour les sauvegarder.

De la dessication et des altérations qu'elle peut faire naître

Je suppose une fabrication parfaite, c'est-à-dire dont les raisins, les instruments et appareils, la température, contribuent à produire un bon vin. Chacune des choses que je viens d'énoncer, peuvent donner lieu, d'après leur état propre, à des détériorations ou maladies que je vais passer en revue.

Les raisins secs, base de notre fabrication, peuvent occasionner, les premiers, des altérations. Quelques-unes naissent de l'opération du séchage qu'on leur a fait subir, pour les transporter de l'Orient dans nos contrées.

La dessication des raisins s'obtient de plusieurs manières. En Turquie, les indigènes l'obtiennent en étendant simplement les raisins sur le sol à l'action du soleil. Les grappes sont entières, car les grains de raisins égrappés peuvent subir partiellement des fermentations qui amènent de fâcheux résultats.

Mélangés avec la masse, ces grains motivent des altérations que j'ai signalées, au début de mon ouvrage, dans le chapitre II: *Quels sont les meilleurs raisins et à quoi les reconnaît-on?*

Un commencement de fermentation de ces grains peut communiquer au vin des goûts désagréables. De forts collages sont nécessaires pour les faire disparaître. En Grèce, certains récoltants emploient, pour opérer la dessication des raisins, une méthode qu'il est bon de signaler, afin de permettre aux fabricants de se prémunir contre les conséquences que cette méthode pourrait entraîner.

Après avoir récolté les raisins, on les étend, en plein air, au soleil, sur une couche épaisse de fumier ou litière, d'animaux domestiques.

Les raisins, dans cette situation, subissent par la chaleur solaire d'une part et celle qui se dégage du fumier d'autre part, un effet de contraction de la pellicule. La vapeur alcaline, qui se dégage de la fiente, collaborant avec la chaleur solaire, durcit et épaissit l'enveloppe du raisin, par un effet à peu près semblable à celui du tan sur les peaux d'animaux. Par cette façon d'opérer, on active la dessication des raisins, mais ceux-ci emportent, le plus souvent avec eux, des principes alcalins qui sont la source de nombreux mécomptes pour les fabricants. De là naissent quelquefois ces goûts désagréables que possèdent certains vins de raisins secs.

On évite cela en se servant de l'eau chaude, pour le mouillage dans la cuve à tremper. L'eau chaude dissout, facilement, les sels qui ont pu se former sur la pellicule, et laisse à la fermentation, le soin de les décomposer ou de les précipiter sous forme de dépôts ou de lies.

On dessèche aussi les raisins, en les exposant au soleil sur une couche de paille ou dans les fours; ce dernier moyen exige de grandes précautions. On doit éviter une chaleur trop ardente qui pourrait les brûler. On les étend sur des claies et on les introduit dans le four un moment où en sort le pain, après sa cuisson.

La température doit être douce, car la dessication des raisins, reposant sur le principe de l'évaporation de l'eau contenue dans la pulpe, s'opérerait dans de très mauvaises conditions si l'on voulait accélérer l'opération.

En Espagne et dans certains pays, la dessication s'opère en trempant les grappes de raisins dans des bains de potasse qui, comme chacun le sait, est un sel alcalin.[50]

Les vins de raisins secs aigre-doux.

Le vin de raisins secs, quand on le soutire de la cuve à fermenter, doit être généralement un peu *vert*, *sec*, et non liquoreux. Les fabricants doivent bien se garder de confondre la verdeur avec l'aigreur du vin; tandis que la première; loin de lui nuire, est une garantie de bonne conservation, la seconde est sa plus directe ennemie. Pour mieux comprendre l'idée que j'expose, je vais établir les résultats que peuvent offrir ces fermentations bonnes ou mauvaises:

1° Après une marche régulière et sans arrêt de la fermentation, toute la partie sucrée du moût s'étant transformée en alcool, et le décuvage ayant été fait au moment convenable, le vin doit posséder un principe de verdeur. Une fois en tonneaux et bien clarifié ce principe devient une qualité et ce vin se conserve, en se bonifiant, sans aucune crainte d'altération.

2° Par suite d'un arrêt dans une fermentation à peu près achevée, si le vin possède encore deux degrés de liqueur, il faut se garder de le laisser dans la cuve et sur les grappes; on l'entonne dès le troisième jour dans des foudres non soufrés, en ne les remplissant qu'à moitié; sinon, dans cet état, les vins de raisins secs deviennent ce qu'on appelle *aigre-doux*. C'est-à-dire que, vers la fin de la fermentation, le chapeau, en s'affaissant dans le liquide, y développe un principe acétique, si la fermentation alcoolique ne suit pas entièrement son cours.

Au contraire, une fois décuvé et éloigné du marc, véritable foyer acétique, le vin qui garde quelques degrés de douceur, les perd dans le tonneau par l'effet de la fermentation lente. Le temps fixé, pour cette transformation, peut être illimité, car l'époque dans laquelle on se trouve, influe beaucoup sur sa durée. En été le vin, au bout de quelques jours, ne se ressent presque plus de cet état anormal. On achève de le remettre en état par des collages à la *Colle Diamant* avec 50 grammes d'*Extrait Vinicole*[51] par hectolitre, ce qui est un moyen radical. On doit aussi garnir le fond des tonneaux de copeaux de bois de hêtre et pratiquer de bons soutirages.

Dans tous les cas, le vin de raisins secs, séparé des grappes, avec quelques degrés de sucre, peut demeurer, sans crainte de l'aigreur, dans les tonneaux. La partie sucrée disparaît soit en se combinant avec d'autres principes du vin, soit en se convertissant en alcool par la fermentation insensible. Mais ce moyen est toujours très long.

Il vaut mieux repasser ce vin sur les nouvelles fabrications par petites quantités.

Cet accident arrive aux fabricants qui, par excès de confiance, ou le plus souvent par négligence, laissent trop longtemps le vin, dont la fermentation alcoolique est arrêtée, dans les cuves. Quand ils opèrent enfin le décuvage, le vin a le caractère que j'ai cité plus haut, il est *aigre-doux*.

Généralement, l'acétification n'est pas très avancée, mais la douceur, demeurant encore dans le vin, offre un contraste frappant à la dégustation.

Dans le cas qui nous occupe, on doit s'empresser d'enlever le vin de la position fâcheuse dans laquelle il se trouve.

Le tonneau dans lequel on l'entrepose doit être légèrement méché.

On mélange, ensuite, dans le vin, de la poudre de marbre blanc, à la dose de 100 grammes par hectolitre, en le remuant de temps en temps avec un bâton; on laisse reposer durant quelques jours, puis on soutire dans un nouveau fût, en ajoutant de 30 à 50 grammes d'*Extrait Vinicole* et plus si c'est nécessaire, suivant l'état du vin.

Le vin, après ces diverses additions, perd généralement son goût acide; la transformation de la partie sucrée s'opère, par la fermentation insensible, comme pour les vins non acétifiés.

Quelques fabricants ont essayé, pour traiter les vins dans cet état, d'employer les collages énergiques.

Le résultat est forcément négatif.

Cette opération n'atteint son but que pratiquée sur des vins qui lui permettent de produire son effet. Or, les vins contenant encore du sucre, sont sujets à la fermentation et, par conséquent, empêchent l'action précipitante de la colle. Celle-ci, entraînée par le dégagement, quoique léger, de l'acide carbonique, s'élève avec lui continuellement pour retomber, et loin d'agir sur les vins avec succès, peut y développer des altérations nouvelles.

La règle générale est donc celle-ci: Le collage ne peut opérer sur les vins, d'une façon heureuse, que tout autant que la fermentation est complètement achevée.

L'*Extrait Vinicole* est le seul remède qui ait donné des résultats pour cette altération.

Des Vins de Raisins secs nuageux

Un des accidents les plus fréquents dans les vins de raisins secs quand ils ont été atteints de l'altération *aigre-doux*, est celui qui constitue les *vins troubles*. Toutes les fois qu'une matière floconneuse devient brusquement insoluble, elle donne au vin dont elle se sépare, une apparence laiteuse. Cet effet peut se produire dans des circonstances diverses. Le vin, mis en mouvement par une fermentation, ou par une cause extérieure, laisse déposer un peu de ferment, et devient trouble. La cause la plus fréquente est le manque de tannin. Des soutirages nombreux produisent aussi le *plombage* dans un vin où les matières azotées sont abondantes; l'action de l'air, en se répétant durant les soutirages, amène une fermentation putride: le tartre se change en métacétates; le ferment développe de l'ammoniaque à l'état de carbonate, ou même de sulfhydrate, le vin perd son acidité et du ferment se dépose. Cette altération est commune chez les vins dont nous nous occupons. Ainsi qu'on le voit, les causes qui la font naître sont nombreuses.

On peut combattre le *plombage* quand le vin est bien sec. Mais généralement, sa cause réside dans ce principe de liqueur provenant d'un arrêt dans la fermentation touchant à sa fin. Dans ce cas, l'unique remède, est celui indiqué pour les vins *aigre-doux*.

Je ne conseillerai pas à mes lecteurs d'employer les divers remèdes que certains présentent comme panacée universelle, ce serait de l'argent perdu. Dans tous les cas demandez-moi un conseil, je suis tout prêt à vous répondre. Je m'étendrai plus loin sur la méthode qui consiste à *chauffer* les vins. Cette découverte importante permet de remédier, dans beaucoup de cas, à des altérations spontanées, et à quelques autres que je vais décrire au chapitre suivant.

CHAPITRE XXIII

Des maladies du vin de raisins secs

Ainsi que celui des raisins frais, le vin de raisins secs est sujet à des altérations spontanées. Telles sont les *fleurs*, l'*acescence*, etc.

C'est à l'augmentation des matières gommeuses et sucrées ou au manque de tannin et de tartre, qu'il faut attribuer ces altérations, ou *maladies* des vins en général et de ceux des raisins secs en particulier.

Chez ces derniers, la cause la plus commune et la moins connue, la plus bizarre assurément, est la *couleur* jaunâtre que tous les vins de raisins secs ont.

Je l'expliquerai plus loin.

Cependant, comme je l'ai démontré précédemment et par une anomalie étrange, le sucre a la propriété de conserver les vins et de les empêcher de s'altérer. Ce moyen employé depuis les temps les plus reculés, était connu des anciens qui additionnaient leur vin de moût de raisins cuits, ce qui revenait à les sucrer.

De nos jours les vins dits de liqueurs, tels que Malaga, Porto, Muscats de Frontignan, de Rivesaltes, n'offrent réellement des garanties de conservation que si, fortement alcoolisés, ils n'ont au moins 10 degrés de sucre.

La partie gommeuse, au contraire, est une véritable ennemie de la bonté des vins de raisins secs. C'est à elle que l'on doit en partie l'altération des vins troubles.

Le tannin aide beaucoup à précipiter la gomme du vin et à le clarifier; malheureusement cette substance n'est pas très abondante dans les vins de raisins secs. De là, la difficulté, quelquefois, de résoudre certaines questions embarrassantes, et l'impuissance dans laquelle se trouve le fabricant ignorant cette particularité. On trouve dans le commerce des tannins provenant des différents végétaux. Les plus connus sont ceux extraits de la noix de galle, du chêne-rouvre, etc. Mais leur emploi dans les vins de raisins secs est dangereux.

Le mieux est d'employer purement et simplement l'*Extrait Vinicole* qui contient avec le tannin toutes les matières qui sont nécessaires aux vins.

On peut employer le *Tannin à l'Alcool* qui possède les qualités requises pour remédier aux maladies du vin de raisins secs.[52]

Je me tiens, du reste à la disposition de mes lecteurs, pour tous les renseignements dont ils pourront avoir besoin sur cette importante question.

Un des faits qui présente le plus de particularité dans les vins de raisins frais, et qu'on remarque dans ceux des raisins secs est la maladie qu'on nomme les *fleurs*. Elles se forment dans les tonneaux en vidange et surtout dans les bouteilles dont elles occupent le goulot.

Leur présence signale au fabricant, comme un avertissement, la dégénération acide du vin. Elles se forment avec abondance sur les vins très aqueux. On les fait disparaître dès qu'on s'en aperçoit, en ouillant avec les précautions que j'ai indiquées.

Le moyen d'empêcher la production des *fleurs* sur le vin est simple: c'est l'ouillage régulièrement pratiqué.

L'acescence du vin, ou l'*aigreur*, est la plus naturelle de toutes les maladies dont le vin peut être atteint. La formation de l'acide acétique ayant pour base la transformation de l'alcool, par l'action de l'oxygène, on ne peut s'étonner de la facilité avec laquelle cette transformation peut s'opérer, étant donné les nombreuses occasions qui mettent l'air et l'alcool du vin en présence.

C'est une suite de la fermentation spiritueuse; mais connaissant les causes qui la produisent, et les phénomènes qui l'accompagnent ou qui l'annoncent, on peut parvenir à la prévenir.

Chaptal a décrit d'une manière savante, la formation de l'acide acétique dans les vins.[53] Ce phénomène est identique dans les vins de raisins secs.

Il existe pourtant, quant à la cause de l'aigreur, des différences importantes entre le vin de raisins frais et celui de raisins secs. L'opinion générale des savants, qui se sont occupés de vins de vendanges, est que les vins faibles sont plus sujets à l'acétification que les vins généreux. On admet même que les derniers, bien soufrés, collés et clarifiés ne tournent plus à l'aigre.

Dans les vins de raisins secs, c'est généralement le contraire qui peut arriver, si les vins subissent l'influence de l'air. J'ai remarqué que les vins faibles en degré se conservaient très bien et en parfait état, sauf l'altération des *fleurs* dont il est facile de les débarrasser; tandis que les vins, de degré élevé, subissaient bien souvent des changements anormaux malgré les soufrages et les collages. Le manque de tannin contribue, il est vrai, à ces changements; mais il convient d'observer, qu'un fort degré n'est pas toujours un garant suffisant pour la conservation des vins, comme quelques œnologues l'ont prétendu.

J'ai vu aigrir un vin de raisins secs dans les circonstances suivantes:

Au mois de juillet 1879 je mis à fermenter dans un baril, 10 kilogrammes de raisins de Corinthe avec 15 litres d'eau. Le moût pesait 15 degrés à l'aréomètre Beaumé. La température très chaude à cette époque, activa la fermentation à un tel point, qu'au bout de 4 jours, le vin ne demeurait qu'à 7 degrés à peine de douceur. Il s'était formé environ 8 degrés d'alcool. Voulant conserver le vin avec la partie liquoreuse existante, je le soutirai dans un autre fût et y ajoutai 8 nouveaux degrés, avec de l'alcool à 92 degrés, bien rectifié.

Je crus que ce fort vinage suffirait pour arrêter et la fermentation alcoolique et les altérations qui pourraient se produire.

Je me trompais grandement. Quelque temps après, je voulus revoir le vin dont je me disposais à faire un vin de liqueur. Jugez de mon étonnement, quand je constatai que non-seulement mon vin avait complètement achevé sa fermentation alcoolique, mais que la fermentation acétique l'avait changé en excellent et très fort vinaigre.

L'aigreur ne provient pas uniformément de la même cause. La première et la principale est l'influcnce de l'air dans le vin. L'action chimique s'exerce entre l'oxygène de l'air et l'alcool du vin. Le résultat de cette combinaison est la formation de l'*aldehyde*; c'est elle qui donne naissance au vinaigre.

La conclusion de cet exposé est celle-ci: Dès que la fermentation alcoolique est terminée, le contact de l'air doit être rigoureusement évité. Pour cela, la fermeture des tonneaux, si hermétique qu'elle soit, ne suffit pas toujours, et il est nécessaire, soit de tourner la barrique de côté pour que le liquide humecte continuellement la bonde et l'empêche, en se desséchant, de laisser un passage à l'air, soit à remplir le vide d'un tonneau en vidange, avec de l'acide sulfureux, au moyen d'une mèche.

Il arrive qu'on constate, chez les vins de raisins secs en foudre, un commencement de *piqûre*. Cette altération provient le plus souvent de la lie sur laquelle repose le vin; dans ce cas on l'appelle: *piqué de lie*.

L'acidité, dans le fait que je cite, provient d'un commencement de fermentation qui tend à se développer dans la lie où les ferments sont rassemblés.

Le remède est: le soutirage immédiat dans un tonneau fortement soufré. Un grand danger est à éviter quand on pratique cette opération. C'est l'aérification du liquide, car l'air se dissout en pareil cas et peut agir avec une grande force. Ainsi, il faut se garder de tirer le vin par un robinet dans des brocs ou cuviers. Mis en contact avec l'air, les symptômes d'aigreurs existant avant l'opération, prennent une intensité désastreuse après un soutirage fait dans ces conditions.

Pour éviter ces funestes effets, on soutire soit avec un syphon, soit en adaptant au robinet un tuyau en caoutchouc qui plonge dans le tonneau où l'on verse le vin. Un bon collage suffit pour le remettre en bon état.

L'acidité, comme on le voit, est une des maladies, du vin, dont le fabricant ou le viticulteur doit *s'appliquer seul* la responsabilité. Aucune altération ne décelle mieux le peu de précautions et de soins du producteur. *Un vin aigre est un vin qui a été négligé.*

On peut réparer ce défaut par plusieurs moyens: Le tartrate neutre de potasse (100 grammes environ par hectolitre), en se combinant avec l'acide libre contenu dans le vin, forme de l'acétate et du bitartrate de potasse. Par le repos, ce dernier sel se sépare spontanément à l'état cristallin, et le vin perd son acidité.

Il faut bien se garder, pour améliorer les vins aigres, de se servir de la craie, car cette dernière a l'inconvénient d'introduire dans le vin un sel calcaire, qui altère sa composition.

M. Fauré conseille l'emploi de la crême de lait qu'il verse dans le vin en la fouettant fortement. Quelques jours après il soutire.

Ce procédé serait, à mon avis, praticable, mais dangereux pour l'avenir du vin.

Je ne parlerai pas des méthodes plus ou moins honnêtes, pour corriger l'aigreur des vins, renfermées dans certains livres et citées par certains auteurs; ces moyens peuvent occasionner de graves désordres dans le corps et sont de véritables poisons.

LE MANQUE DE TANNIN.—J'ai dit aussi qu'une des principales sources d'altération et de maladie pour les vins en général, de raisins frais ou de raisins secs, était le manque de Tannin. Je vais le démontrer, je crois, d'une façon irréfutable. Tous les vins ont du tannin, c'est vrai, mais beaucoup n'en ont presque pas, suivant les années, par suite des bizarreries de la nature qui se montre parfois absolument hostile, dans certaines régions, à une bonne vendange.

Or, vous savez qu'il faut clarifier le vin, cette opération se produit par suite de l'effet de la colle sur le tannin, qu'elle dissout et précipite. Si ce vin est déjà pauvre en tannin ou s'il en contient juste la quantité nécessaire et qui lui est propre, quand on collera on épuisera le vin. Voilà pourquoi l'adjonction de tannin s'impose, pour éviter les maladies nombreuses que le manque de cette substance occasionne au vin.

Que de maladies n'ont pas d'autres causes!

Tous ceux qui lisent ces lignes et qui ne connaissaient pas ces faits y verront l'explication et le motif du dépérissement de leurs vins, alors que souvent, croyant les guérir et les sauver, ils collaient et recollaient à outrance.

Dans ces conditions, chaque nouveau collage épuise le vin, si on n'ajoute pas de tannin, de la même façon qu'on épuiserait un malade faible de sang en pratiquant des saignées répétées, croyant de le guérir.

Je résume et je conclus:

Sans tannin pas de clarification possible. Avec une quantité insuffisante de Tannin naturel, on ne peut obtenir qu'un mauvais collage, un effet incomplet, une boisson constamment trouble et plombée, un liquide en un mot impossible à clarifier malgré tous les efforts et les appareils, filtres ou autres. Quand on connaît si bien la cause d'un mal, on est bientôt prêt à le guérir radicalement. C'est ce qu'on obtient aujourd'hui si facilement en ajoutant purement et simplement la dose artificielle, d'*Extrait Vinicole*, à base de tannin; dose destinée à combler, naturellement, le vide que la nature ou notre industrie avait fait. Cette dosc cst de 30 à 50 grammes par hectol. C'est pourquoi aussi, il convient chaque fois qu'on colle un vin d'ajouter de l'*Extrait Vinicole* pour le laisser en possession de toute sa propre richesse de tannin.

Il est une altération bien étrangère aux ferments, qui mérite une mention toute particulière: C'est le *goût du fût, de sec, de moisi.*

La cause de cette maladie réside dans la malpropreté des tonneaux.

Quand le bois est vermoulu, vicié, pourri, ou bien quand la lie a demeuré dans les fûts et y a séché, le vin s'empare avec rapidité de ce goût qui le rend on ne peut plus désagréable. On conseille, pour ramener le vin à son bon état, l'huile d'olive bien fraîche.

Dans une futaille bien méchée, on introduit l'huile d'olive (200 à 250 grammes par hectolitre) et le vin qu'on fouette énergiquement. L'huile dissout les traces de matière odorante, et le vin reprend son goût naturel.

Tel était du moins l'unique et seul remède que l'on connaissait et que l'on employait contre le goût *de moisi.* Je dois avouer que le remède avait tellement peu d'efficacité que je me suis attaché à trouver un remède plus réel.

Après de nombreuses recherches, j'ai trouvé l'*Audibertine*, produit auquel j'ai attaché mon nom. Je puis dire que c'est le seul remède réellement efficace et ayant la grande et bien appréciable qualité, de produire un effet immédiat. De plus, loin d'être, comme l'huile, une matière peu compatible avec le vin, c'est *du vin* même que l'*Audibertine*, est obtenue. Avec elle, on change, aussi instantanément, le goût du vin, en celui d'un autre crû. Tous les mauvais goûts peuvent être enlevés.

Pour opérer, on en verse 100 grammes ou davantage, si c'est nécessaire, par hectolitre de vin *au moment du collage.*

Afin d'opérer sans risquer aucune dépense inutile, on pèse 10 kilogr. de vin dans lesquels on verse 10 grammes d'*Audibertine* en agitant le liquide pour rendre le mélange bien homogène. Si, après dégustation, cette dose ne suffit pas, on l'augmente progressivement jusqu'au moment où le vin est bouqueté ou complètement désinfecté.

Comme certains de mes lecteurs et amis m'ont posé la question suivante: mais qu'est-ce que l'*Audibertine*? cela pour ne point se mettre sous le coup de la loi. Je vous dirai ce que j'ai répondu, afin que vous soyez absolument fixé et tranquille sur l'emploi de l'*Audibertine.*

Par ce temps de poursuites à outrance pour falsification, l'*Audibertine* est-elle un produit qu'on peut verser impunément dans le vin pour le corriger, le bouqueter, et surtout lui enlever le goût de moisi?

Je réponds: j'affirme sur ma conscience et sur mon honneur, que l'*Audibertine* est à base d'un produit extrait du vin, qu'elle ne peut en aucune façon, employée dans les vins, être nuisible et que le bouquet de noyau, que l'on sent de prime abord, provient du Kirsch que l'on emploie, en petite quantité, pour rendre son odeur encore plus agréable. Et maintenant devant une déclaration aussi solennelle, j'espère qu'on aura, en moi, pleine et entière confiance[54].

Je vous ai dit aussi, qu'une ennemie inconnue, et partant d'autant plus dangereuse, était la couleur naturelle, jaune, du vin de raisins secs.

Voici pourquoi: cette couleur devrait être rouge. Si elle est jaune, c'est par suite d'une décomposition première, due à la façon dont la dessication a été opérée. Or, vous le savez, la principale cause d'ennuis, pour les vins, provient de son manque de limpidité. Cette couleur jaune avortée est souvent la source de ces ennuis. Il faut donc la faire disparaître. J'ai acquis la certitude de ces faits par de nombreuses expériences.

Voilà pourquoi aussi j'ai créé la *Poudre Décolorante J. A.*[55] exclusivement pour cela. Rendez votre vin de raisins secs absolument blanc et limpide et dites-moi s'il est possible qu'il ne remplisse pas tous les rôles que vous voudrez bien lui faire jouer.

La Poudre Décolorante J.A. a aussi la grande qualité d'être la seule complétement neutre, sans goût et sans danger pour les bouquets des liquides. Pour les commerçants en vins, fabricants de liqueurs, pour les vins de raisins secs et leur donner la couleur des vins blancs naturels, petits gris, etc., pour 3/6, rhum, cognac, vinaigre, etc., trop colorés, ou colorés accidentellement, c'est un aide puissant. Voici comment on l'emploie: On bat, dans un peu de vin que l'on veut traiter, environ 50 grammes de cette poudre avec autant de *Colle Diamant.* On verse ensuite dans la masse du vin que l'on fouette énergiquement. On peut employer sans crainte 100 gr. par hectol. et plus, sans augmenter la dose de colle, si on veut obtenir une décoloration compléte.

CHAPITRE XXIV

Du Chauffage des Vins de Raisins secs

Je me suis occupé dans les chapitres précédents, des altérations et maladies de nos vins. J'ai indiqué les moyens de les préserver et de les guérir, mais j'ai voulu faire l'objet d'un chapitre spécial de la nouvelle application aux vins, par M. Pasteur, de la méthode d'Appert.

Le *chauffage* a soulevé et soulève encore aujourd'hui, parmi les savants, des discussions vives, dans lesquelles je me garderai bien de mêler ma modeste personnalité. Je laisserai donc à d'autres plus autorisés, le soin de conclure les débats, et ne vais m'occuper ici que des observations que j'ai recueillies, sur l'application que j'en ai faite aux vins de raisins secs.

M. Pasteur à la suite de ses études remarquables, sur l'action que les ferments exercent sur les liquides d'origine organique, tels que le vin, la bière et le vinaigre, fut conduit par ses savantes réflexions à l'application de la méthode d'Appert, comme moyen de conservation pour les vins.

En attribuant les diverses maladies du vin, *les fleurs*, *l'acescence*, etc., à des ferments vivants, ce savant conclut que leur destruction devenait facile, en les soumettant à une température d'environ 55 degrés de chaleur. La cause de toutes ces altérations disparaissait de cette manière, des vins, qui offraient ensuite de solides garanties de conservation.

Le chauffage, appliqué aux vins de raisins secs, permet d'obtenir des produits supérieurs. Les points principaux auxquels les fabricants doivent ramener tous leurs efforts, sont: la franchise et la neutralité du goût. Cette dernière est surtout bien difficile à obtenir. J'ai dit en commençant cet ouvrage, que les raisins secs comme les raisins frais communiquaient aux vins des bouquets, des goûts, *sui generis*, contre lesquels il était bien difficile de réagir. Ces goûts particuliers tiennent à plusieurs causes différentes, que j'ai signalées; ce sont: la façon de dessécher les raisins, le goût communiqué par le bois des grappes, enfin les moyens de fabrication que l'on emploie.

L'opinion publique, à la suite de nombreuses expériences officielles prouvant l'excellence de la méthode Pasteur, rendit, spontanément, à son célèbre auteur, un éclatant hommage, en attachant d'une manière impérissable son nom à cette opération. On dit: *pasteuriser* le vin, l'action de le chauffer.

L'effet du chauffage sur les vins de raisins secs est surprenant. Les vins perdent, en partie ou complétement leur acidité, suivant qu'ils sont plus ou moins fortement attaqués. Les goûts de terroir disparaissent.

Ils acquièrent, eux dont la naissance n'est séparée que par quelques jours, de leur livraison à la consommation, ils acquièrent, dis-je, immédiatement, le principe vineux que plusieurs mois parviendraient difficilement à leur procurer. Leur conservation est presque absolue.

On a essayé plusieurs sortes de chauffage depuis l'origine de cette méthode. On tenta de chauffer, d'abord le vin sans le retirer des tonneaux; les difficultés qu'offrait l'opération ainsi pratiquée, forcèrent les viticulteurs à rechercher d'autres moyens.

L'industrie ne pouvait rester inactive en présence des savantes données de M. Pasteur. Elle offrit aux viticulteurs de nombreux appareils, qui, de perfectionnements en perfectionnements, permettent aujourd'hui de *pasteuriser*, une quantité considérable de vin, avec des appareils simples, commodes et peu coûteux.

Il en est d'abord, à *travail intermittent* et à *travail continu*; c'est-à-dire que ces derniers permettent de chauffer sans interruption des quantités qui se renouvellent.

Appareil J.-F. AUDIBERT, pour vins chauffés, infusés, bouquetés, la fabrication immédiate et sans évaporation d'alcool, des Madère, Malaga, etc., Vermouth, Bitter, infusions alcooliques, l'obtention des Eaux-de-Vie, de Cognac, l'infusion à chaud et instantanée des plantes, dans l'alcool et le vin, sans évaporation.

Répondant à la demande d'un grand nombre de lecteurs, de mes premières éditions et sur les données de M. Pasteur, j'ai fait un appareil de chauffage spécial pour les vins de raisins secs.

Cet appareil jouit d'une grande faveur. M. Pasteur lui-même approuve tout particulièrement ses dispositions. Je ne le décrirai pas, car l'homme le plus ignorant le comprend et peut le conduire en le voyant, mais je citerai les avantages qu'il offre à la fabrication.

A ce point de vue l'appareil rendra de réels services à ceux qui pratiquent la fabrication mathémathique des vins, car il aide puissamment à la fabrication du vin de raisins secs, et autres vins.

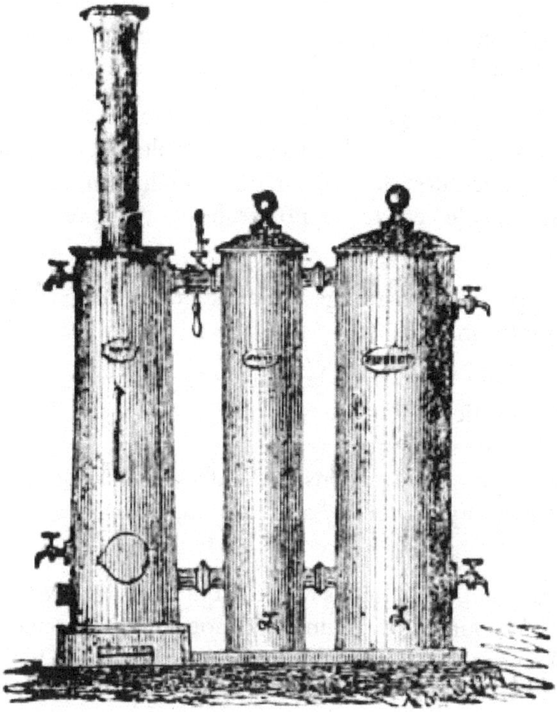

Il se compose de 3 pièces.

La première: Le Chauffeur, au bain-marie, pour obtenir l'eau chaude et remplacer une chaudière.

La seconde: Le Cylindre infuseur, pour infuser et aromatiser *à chaud* les alcools et les vins; pour changer le goût des vins de raisins secs après la fermentation, et leur donner celui de nos bons vins fins; pour les bouqueter, etc.

La troisième: Le Réfrigérant.

La réunion, de ces trois pièces, constitue l'appareil à infusion (en chauffant d'après le système Pasteur).

La réunion, de la 1re et de la 3me, constitue si l'on veut l'appareil, pur et simple, de chauffage des vins du Pasteur.

La 1re pièce, seule, remplace les coûteux et embarrassants moyens actuels pour le chauffage de l'eau, chaudières, etc. Il n'est plus besoin d'installations onéreuses, constructions avec les tuyautages, robinets, etc.

Le temps, dit-on, c'est de l'argent. En matière de chauffage et d'infusion, cette vérité est encore plus grande, surtout quand on opère sur d'importantes quantités.

Les gros fabricants qui ont besoin, par exemple, de 10 à 15 hectolitres par jour de vins chauffés ou d'infusions, soit alcooliques soit simplement vineuses, sont obligés, pour les obtenir, d'immobiliser un capital considérable en plantes et liquides et de supporter les pertes graves qu'occasionne l'évaporation.

Or cet appareil de chauffage sert aussi pour la macération des plantes dans l'alcool ou le vin.

Jusqu'à présent pour éviter les frais de la distillation on faisait macérer les plantes ou les fleurs dans le vin ou l'alcool. Les récipients, que l'on employait, en bois généralement, créaient des dangers: l'évaporation à travers les pores du bois pour les infusions alcooliques; (perte qui se chiffrait par de grosses sommes chaque année); l'acétification, pour les vins contenant des plantes à infuser.

Obtenir instantanément des résultats qui exigeaient des semaines et des mois, voilà le but poursuivi et atteint avec mon appareil de chauffage. La base sur laquelle il repose, est le système préconisé par Pasteur, de façon à joindre à l'infusion, la *pasteurisation*. Chacun sait qu'on appelle ainsi l'opération qui consiste à chauffer, à 55° environ, les vins et spiritueux pour tuer les animalcules et les ferments qu'ils contiennent, afin d'éviter toute fermentation ou détérioration postérieure.

Pour les fabrications à bases alcooliques, j'ai enfin résolu le problème, très important, avec cet appareil de chauffage, d'élever à 60° la température de l'alcool, en contact avec les plantes, sans la moindre déperdition.

Le vin est complétement inaltérable; les barriques ne souffrent nullement par son emmagasinage immédiat, car, à l'appareil est ménagé un réfrigérant, qui ramène à 20 degrés, à la sortie, la température du vin chauffé à 55 degrés dans l'intérieur du dit appareil. La dépense du combustible est aussi réduite que possible.

Pour la fabrication des Madère, des Malaga, dont le monopole était resté jusqu'ici la propriété d'un petit nombre, à cause des sommes importantes que nécessitaient les préparations et les avances pour leur fabrication, il est possible au plus petit fabricant d'obtenir les mêmes résultats, presque sans frais.

Les eaux-de-vie de cognac m'ont aussi fortement préoccupé. Les vins de raisins secs, comme nous l'avons-dit, alimentent, depuis longtemps, ce commerce, car l'eau-de-vie qu'on en retire est très supérieure aux autres. J'ai voulu rendre encore plus étonnants les résultats obtenus en faisant passer le vin de raisins secs dans mon appareil avant de le distiller:

1° Je le chauffe (le vieillissant par conséquent et lui donnant environ deux ans de plus);

2° Je le bouquète et le madérise et l'infusant d'écorces d'amandes, ce qui donne à la distillation des eaux-de-vie, une apparence de vétusté qui trompe les plus connaisseurs.

Je ne m'étendrai pas davantage sur les ressources que le fabricant trouvera dans l'appareil pour le chauffage, l'infusion à chaud et instantanée.

Je dirai en terminant que, dans les diverses dimensions, les prix ne sont pas élevés[56].

Je suis heureux, en finissant ce chapitre, de pouvoir adresser publiquement à M. Pasteur, au nom de notre industrie florissante, les félicitations les plus vives et les plus sincères, pour ses magnifiques travaux scientifiques et pour l'aide merveilleux dont il a doté la fabrication du vin de raisins secs: *La pasteurisation.*

CHAPITRE XXV

Du vinage, du coupage et de la coloration des vins de raisins secs

L'addition de l'alcool au vin, ou mieux le *vinage*, loin, comme on le croit quelquefois, d'être une fraude répréhensible, est une pratique entièrement autorisée par les Conseils d'hygiène et la science.

Depuis longtemps les viticulteurs ont été amenés par l'observation, à suppléer à la faiblesse du degré alcoolique des vins, provenant des moûts pauvres en sucre, par une addition directe d'alcool.

Cette addition, si naturelle de prime abord, exige de profondes connaissances de la part de ceux qui l'emploient.

Dans la fabrication des vins de raisins secs cette méthode est surtout pratiquée sur une vaste échelle dans le Midi de la France.

Au lieu de viser à obtenir des vins de degrés élevés, par la seule transformation du sucre de raisins ou de canne en alcool, on fabrique de grandes quantités de vins de 6, 7, 8 jusqu'à dix degrés d'alcool, que l'on remonte ensuite au degré demandé par l'acheteur. La différence de ces derniers vins avec ceux dont la force alcoolique est obtenue par la transformation du sucre en alcool, est notable.

On devine, sans peine que le sucre de raisin mis en fermentation, au contact des autres parties du raisin, produit autre chose que de l'alcool pur. Un grand nombre des principes vineux trouvent leur source dans les divers phénomènes auxquels donne lieu cette transformation.

D'autre part les sortes d'alcool son nombreuses dans le commerce. Les mêmes difficultés que je signalais pour l'emploi de certains sucres se dressent ici, pour l'addition de l'alcool. On n'ignore pas qu'on en fait avec du vin d'abord, des pommes de terre, des grains, etc. En un mot avec tout ce qui contient un principe fermentescible et du sucre.

Or, le mélange dans le vin d'un liquide alcoolique provenant des diverses dernières sources que j'ai signalées, peut y déterminer des fermentations susceptibles, au bout de quelques temps, d'altérer complétement le vin. La quantité à ajouter doit être aussi l'objet d'une observation. C'est une erreur de croire qu'elle est illimitée. On doit améliorer les vins en ajoutant fort peu d'alcool, deux ou trois litres par hectolitre suffisent.

Quelques négociants et fabricants emploient l'alcool comme moyen d'arrêter les fermentations. Maumené en signalant ce fait dit que ce n'est point à l'alcool, dont les effets sont nuls, qu'il faut attribuer cette particularité, mais aux substances qu'il tient en dissolution.

Le vin de raisins secs, bien fait, se mélange facilement avec *tous* les vins; il suffit de faire opérer un bon mariage en collant avec un peu de *Colle Diamant.*

Pour bonifier certains vins légèrement *piqués*, quelques fabricants ont essayé de les couper avec des vins encore doux. Les résultats, du reste, faciles à prévoir, ont été la perte complète de ces vins.

Le chauffage, quand le mal n'est pas trop avancé, peut apporter de sérieuses bonifications au vin *piqué.*

Le but des vins de raisins secs est de suppléer à ceux de raisins frais, dont le phylloxéra cause la disette.

A cet effet, ils servent généralement à couper les vins rouges de vendanges, et à augmenter le stock de vin dont le commerce a besoin.

Le vin de raisins secs peut, sans doute, servir au coupage de tous les vins. Cependant quelques-uns de ces mélanges donnent des résultats meilleurs.

Je vais signaler aux fabricants ceux qui me paraissent offrir les plus sérieuses garanties.

Dans le Languedoc et dans le Var, les vins, bien rouges et francs de goûts, se *marient* de la manière la plus parfaite avec les vins de raisins secs. Certaines qualités de vins rouges supportent, même facilement, 50 0/0 de vins de raisins secs sans qu'il soit possible à la masse des connaisseurs de reconnaître ce coupage.

Certains vins d'Espagne ou d'Italie, du Var, de Brignoles, Pierrefeu, supportent avec la plus grande facilité l'addition des vins de raisins secs. Bien plus, j'ai remarqué qu'un coupage fait dans les conditions que je cite, est un moyen magique de transformer la qualité des vins de ces derniers pays et de les rendre délicieux.

Mon assertion, qu'il est facile de contrôler, repose sur un fait très connu: Les vins du Var, forts en couleurs et en degrés, apportent avec eux un goût de terroir qui leur est nuisible pour la vente, dans certaines contrées habituées aux vins presque neutres du Sud-Ouest de la France. Avec le coupage au moyen du vin de raisins secs, ce goût disparaît complètement et fait place, plutôt à un bouquet provenant de la fusion de ces qualités bien différentes de vins.

Leur coupage, avec ceux du Languedoc et du Roussillon, a créé un vin spécial sous la dénomination vague de *vin d'Aramont.*

Il existait, dans l'Hérault, surtout avant le désastre occasionné par la terrible maladie, d'immenses propriétés complantées en vignes de raisins d'Aramont. La nature des terrains, généralement plaines et marécages, formaient là de véritables réservoirs à vin.

La qualité produite par ces fruits, était la plus ordinaire; ces vins étaient faibles en couleur et en degré, mais la quantité compensait la qualité. C'est là où le commerce et l'industrie puisaient pour leurs besoins. Les négociants les employaient pour leurs coupages avec les *gros* vins rouges; les distillateurs, pour en retirer l'alcool et faire du 3/6.

C'est pour répondre à ces divers besoins, que le commerce a produit la combinaison des vins de raisins secs coupés légèrement avec des vins rouges du Languedoc et du Roussillon, combinaison à laquelle il a donné le nom de *vin d'Aramont*, c'est-à-dire petit vin.

Depuis quelques années déjà, cette qualité de boisson a trouvé un débouché considérable dans toute la France. Cela a permis aux populations laborieuses de boire encore du vin, ce qui ne serait pas arrivé, en présence du manque de récolte, si les vins de raisins secs n'étaient venus, avec tant d'opportunité, apporter leur précieux appoint.

Les vins rouges, d'Espagne et d'Italie, exigent des qualités particulières, pour être mélangés sans danger pour leur conservation avec ceux de raisins secs.

La plupart de ces vins gardent un principe de liqueur, qui peut, à la suite de leur coupage avec les vins de raisins secs, engendrer de nouvelles fermentations.

Je conseillerai aux fabricants qui se disposent à employer de ces vins, à ne se servir que des qualités qui offrent le plus de garanties de conservation. Ces garanties sont: la verdeur et la franchise de goût. Je vise par ce dernier point principalement les vins d'Italie, dont quelques-uns, originaires des environs de Naples, apportent avec eux un goût de terroir très défectueux. Les terrains dans lesquels pousse la vigne, composés en grande partie de laves, procurent au liquide alcoolique un goût sulfureux qui ressort avec force dans les coupages.

Pour faciliter le *mariage* des vins et être certain du succès d'un coupage, le fabricant doit toujours coller les vins mélangés. Si ce sont des petits vins, il faut ajouter par prudence de 10 à 30 grammes par hectolitre d'*Extrait Vinicole.* On assure ainsi l'opération.

Comme on le voit, il est permis sans trop de peines, d'employer les nouveaux vins et d'obtenir de bons résultats.

Cela m'amène, naturellement, à parler de la coloration des vins de raisins secs.

J'ai déjà fait part à mes lecteurs, au commencement de ce traité, de l'impossibilité de colorer les vins de raisins secs en rouge avec leurs propres moyens. Je suis convaincu que la science trouvera, et peut-être bientôt, le moyen de faire revivre la couleur qui doit, à mon avis, demeurer insoluble dans la pellicule.

En attendant ce progrès, qui sera la confirmation indiscutable de cette boisson, je vais passer en revue, signalant tous les dangers, les moyens de colorations que quelques propriétaires ont employés pour donner une meilleure apparence au vin qu'ils ont fabriqué.

L'UNIQUE COLORANT AUTORISE PAR LA LOI pour le vin, est: le vin lui-même; c'est-à-dire les raisins ou vins très rouges du Midi de la France ou d'ailleurs.

A l'époque de la vendange, on peut colorer les vins de raisins secs avec les raisins, en les mélangeant dans la cuve à fermenter.

J'ai parlé longuement de la coloration, par les vins rouges, dans le passage que j'ai consacré au coupage. Je n'y reviendrai donc pas. Je signalerai seulement aux fabricants le fait suivant: Le vin de raisins secs se colore avec la plus grande facilité, quand les vins de vendange, qu'on emploie, ont une couleur vive; 10 litres par hectolitre, de bon vin rouge, suffisent pour colorer le vin de raisins secs.

Un grand nombre de négociants ont tiré parti de ce fait, et à l'inverse de la donnée qui précède, versent 10 litres de vin de raisins secs, par hectolitre, dans leur vin rouge au lieu d'employer de l'eau. Cette addition est bien difficile à reconnaître, car le goût et la teinte ne changent qu'imperceptiblement. Cela constitue un sérieux et réel bénéfice, sans qu'il soit un instant possible, de les incriminer: le degré, le goût et la couleur ne changeant pas.

Malheureusement, quelques commerçants oublient que la loi défend et punit toute coloration artificielle. C'est la tromperie sur la marchandise vendue qui fait la base du délit. La science, les jugements et les journaux nous ont fourni la liste à peu près complète des colorants dont on a voulu faire usage frauduleusement, et qui tous ont des moyens faciles de reconnaissance. On a objecté que les teintures végétales se dérobaient facilement aux recherches; c'est une erreur dont il est facile de donner la preuve.

La conclusion est par conséquent qu'il n'existe pour la vente commerciale du vin qu'un mode légal de coloration commerciale pour les vins blancs de raisins secs ou AUTRES. C'est: le coupage par DU VIN.

La chimie est arrivée aujourd'hui, par des moyens plus ou moins faciles, à découvrir la nature de presque tous les colorants végétaux ou minéraux. Ils n'offrent pas, cependant tous, le désavantage de nuire à la santé; quoique complétement prohibés dans le commerce, chacun peut particulièrement en faire l'usage qui lui convient.

LE COLORANT VINICOLE.—Parmi les colorants dont chacun est absolument libre de se servir, j'ai pu conseiller et faire employer sans craintes, à mes lecteurs et amis: le *Colorant Vinicole* d'une richesse très grande de coloration, 8 à 10 grammes par hecto suffisent.

Ce colorant est garanti inoffensif, sans dangers aucuns, donnant du brillant et du corps au vin. Vous savez que je n'ai jamais eu et n'aurai jamais le défaut d'induire en erreur mes lecteurs. Aussi répondrai-je, par anticipation simplement, à quelques-uns d'entre vous; je répète: oui aucun colorant artificiel n'est admis dans les transactions commerciales, légalement. Tous se reconnaissent à l'analyse et, on trompe les acheteurs quand on propose des colorants introuvables.

A part cela, que chacun sache bien que l'emploi du *Colorant Vinicole* est complétement libre pour tous ceux qui veulent en faire usage. Dieu sait si ces usages sont nombreux.

Le *Colorant Vinicole* est, je le répète, complétement inoffensif, d'une richesse de coloration étonnante: 8 à 10 grammes par hectolitre suffisent pour rendre un vin blanc parfaitement rouge.

Son emploi est des plus simples: Il suffit de le faire dissoudre dans un peu de vin tiède et de le verser dans le vin ou liquide à colorer. La coloration est instantanée. Le vin obtient, de plus, du corps et un brillant très recherchés par les connaisseurs.

Avis très important: On doit toujours colorer APRÈS le collage, sinon on perdrait une grande partie de la couleur.

La composition du *Colorant Vinicole* est et restera le secret de ses fabricants. Il est pourtant permis de dire qu'il est à base de matières complètement inoffensives. C'est un conservateur du vin, son emploi est aujourd'hui très répandu[57].

L'analyse le reconnaît difficilement mélangé de vin rouge, mais elle le reconnaît.

Dans la vie privée, les communautés, les pensionnats, le *Colorant Vinicole* est universellement employé pour donner de la couleur aux vins de raisins secs ou autres, les bonifier, leur donner du brillant, pour remonter la couleur faible de certains vins, etc. En terminant, et pour donner une idée de son usage, de sa parfaite innocuité, et des services qu'il rend, il me suffira de dire que depuis plus de dix ans je m'en sers journellement.

En terminant, je ne citerai que pour les blâmer et en rejeter tout l'odieux sur ceux qui les emploient, les véritables poisons dont quelques négociants, peu scrupuleux, se sont servis parfois pour donner de la couleur à leur vin, ce sont: la *fuchsine arsenicale*, le *carmin*, *la cochenille*, *le sulfate d'indigo*, les *baies Hièble*, de *Portugal* (*Phytolacca decandra*) *etc.*, *etc.*

La plupart de ces colorants contiennent de l'arsenic ou de l'alun pour les fixer dans le vin; quelques-uns, tels que l'hièble et le Phytolacca, contiennent des sucs purgatifs ou drastiques.

Tous ces colorants se reconnaissent facilement dans les boissons alcooliques et la nomenclature des moyens à employer pour déceler leur présence, serait trop longue si je voulais la publier ici. J'offre, du reste, bien volontiers de répondre à mes lecteurs toutes les fois que de nouveaux renseignements leur seront nécessaires.

CHAPITRE XXVI

Aperçu général sur les raisins secs et leur vin

Les raisins secs ne servent pas seulement à produire des vins. Certains industriels fabriquent avec eux du *sirop* et du *sucre de raisin*, tous les *vins d'imitation*, certains spiritueux, etc.

Répondant aux demandes que m'adressaient journellement mes lecteurs des précédentes éditions, j'ai fait un ouvrage spécial faisant suite à celui-ci et contenant toutes les recettes que j'ai pensé devoir intéresser les fabricants, viticulteurs, négociants en vins et propriétaires. Cet ouvrage a pour titre: *l'Art de faire les vins d'Imitation*, madère, malaga, etc., vermouth, Bitter, sirops, infusions, liqueurs, avec les vins de raisins secs et autres[58].

LE SIROP.—On obtient le sirop de raisin sans difficulté, en retirant le moût, qui est dans la partie la plus basse à fermenter, 24 heures environ après la mise de raisins et de l'eau. Ce moût donne à l'aréomètre de 25 à 28 degrés de liqueur. On le fait réduire par l'ébullition au bain-marie, jusqu'à ce qu'il atteigne 32 degrés, en ayant soin de jeter dans la bassine ou chaudron, un blanc d'œuf battu, par 15 litres de liquide, pour clarifier le sirop. Cette clarification consiste à écumer, quand le liquide bout, toutes les impuretés contenues dans le moût.

Le sirop ainsi obtenu est d'une très grande utilité pour la fabrication des vins d'imitation, de certains liquides spiritueux, tels que: le Vin de Malaga, les bitters, etc., etc.

LE SUCRE.—La fabrication *du sucre de raisins secs* ne peut seulement qu'être mentionnée dans ce traité. Le développement que comporte sa description, m'entraînerait dans des détails qui n'intéresseraient qu'une faible partie de mes lecteurs. Je signale cependant, d'après Edouard Kahn de Francfort, cette innovation, à nos chimistes industriels, afin qu'ils étudient de près cette question qui me paraît assez importante.

Les vins de raisins secs, dont je viens de décrire la fabrication au moyen des procédés les plus connus et les plus certains, peuvent être pour le plus grand nombre de personnes qui se livreront à ce genre d'industrie, une source de revenus nouveaux, en faisant avec eux des vins d'imitations: Aucun vin n'est aussi apte à recevoir des *bouquets* et des *arômes*.

Avec le vin de raisins secs on peut imiter et obtenir, à un degré de ressemblance extraordinaire, des vins de Malaga, Madère, Xérès, Porto, Muscat de Frontignan, etc., etc.; on fabrique le vermouth avec eux; les eaux-de-vie, que l'on retire, sont d'un goût exquis et peuvent rivaliser nos meilleures eaux-de-vie de Cognac.

Les applications multiples de vins de raisins secs que je cite ici, ne reposent pas sur des suppositions, comme pourraient le penser quelques-uns de mes lecteurs. J'ai tenu à avoir un témoignage irréfutable à opposer aux dénégations. C'est celui du jury gouvernemental du concours régional de Marseille, (mai 1879) auquel toutes ces imitations ont été soumises. Après une dégustation sérieuse et approfondie de ces vins, comparés aux vins de raisins frais, le jury a reconnu leur supériorité en demandant pour eux, à Son Exc. M. le Ministre de l'Agriculture et du Commerce, une médaille de bronze.

CONCLUSION

Me voici maintenant arrivé à la fin de mon œuvre. En envisageant d'une manière générale cette industrie naissante, je songe aux modifications immenses que la science lui apportera, j'en suis convaincu, avant peu de temps. A peine ses recherches commencent-elles, que déjà elle se préoccupe des moyens à employer, pour rendre d'une manière parfaite aux vins de raisins secs, la couleur, les sels, les acides, etc., que l'opération de la dessication a neutralisés dans ces raisins. D'un autre côté, quel parti important ne pourrait-on pas tirer, soit pour la marine, soit pour les approvisionnements des villes de guerre et des forts, de la faculté qu'ont ces raisins secs de se conserver, 100 kilogrammes de ces fruits, facilement transportables, représentent 400 litres de vin ou mieux 80 litres d'eau-de-vie.

Pourquoi le Gouvernement n'emploierait-il pas cette ressource réellement incontestable, qui peut rendre à un certain moment, à nos braves soldats, la force, l'énergie et le courage pour vaincre?

La fabrication du vin avec des raisins secs, comme je l'ai démontré, s'obtient d'un grand nombre de moyens différents.

Le fabricant puisera, dans ce traité, les idées qui lui seront les plus particulièrement nécessaires.

Je crois avoir rempli la promesse que j'avais faite en commençant cet ouvrage. Loin de m'appesantir sur le côté purement scientifique de la question qui nous occupe, j'ai cherché à appliquer à la pratique, d'une manière générale et facile, ce que la théorie pouvait contenir de précieux pour elle. C'est pourquoi, et à mon grand regret, je me suis souvent arrêté pour ne pas dévier de la route que je me suis tracée. J'ai placé immédiatement après ce chapitre, sous forme d'appendice, la circulaire administrative de M. Audibert, conseiller d'Etat, directeur général des contributions indirectes, réglementant la fabrication des vins de raisins secs.

Mes lecteurs y trouveront également mes réponses à M. le Ministre de la Justice, adressées au nom des fabricants, enfin tous les documents se rattachant à la fabrication.

FIN.

EXTRAIT VINICOLE

INDISPENSABLE POUR LES

Clarifications, Mariages, Altérations

ET MALADIES DES VINS

Voir ses diverses applications dans les précédents chapitres, traitant de ces importantes questions.

Le Kilo, prix : 12 fr.

Dose de 10 à 50 grammes par hecto, suivant la nature ou l'état du vin ; soit une dépense de *0.12 centimes* par hecto.

J.-F. AUDIBERT

ENTREPOTS GÉNÉRAUX VINICOLES ET AGRICOLES

53, Rue des Minimes, 53

MARSEILLE

APPENDICE

Circulaire de M. le Directeur général des Contributions Indirectes*[59]*.

Paris, le 4 Septembre 1879.

La fabrication des piquettes, qui a été pratiquée de tout temps, n'offrait autrefois d'importance que dans les années de mauvaise récolte; celle des vins de raisins secs et autres similaires du vin était tout à fait accidentelle et ne portait que sur des quantités restreintes.

Tant qu'il en a été ainsi, l'Administration s'est bornée à adresser au service des localités où ces sortes de boissons étaient produites, les recommandations nécessaires pour que l'impôt fût assuré à leur égard. Les fabrications dont il s'agit, ont pris aujourd'hui une grande extension, il devient, dès lors, indispensable de définir et de réglementer d'une manière générale, le régime qui doit leur être appliqué. Tel est l'objet de la présente circulaire.

Au point de vue fiscal, la régie n'établit aucune distinction entre les vins de raisins secs, les piquettes et les vins de vendanges.

D'après une jurisprudence constante (*arrêté des 2 avril 1813 et 16 janvier 1816, décisions des 21 mai 1816 et 25 novembre 1818; circulaire n° 223 du 2 novembre 1877*), elle impose comme vin toute boisson qui, par sa nature, sa dénomination et l'usage auquel elle est destinée, affecte le caractère propre au vin. C'est ainsi qu'elle taxe comme vins les vins d'oranges, de betteraves, de fraises, de framboises, qui par leur composition, diffèrent bien plus des vins de vendanges que les piquettes et les vins de raisins secs.

A cet égard, aucune difficulté ne saurait donc exister. Les piquettes, les vins de raisins secs, tous les similaires du vin, sont passibles de l'impôt au même titre que les vins de vendanges.

Deux arrêtés récents de la Cour de Paris, en date du 12 juillet 1879, viennent d'ailleurs, donner à cette interprétation de la loi, un nouveau caractère d'autorité. Ces arrêts, sans vouloir décider si le liquide soumis à l'appréciation de la Cour, est ou n'est pas du vin proprement dit, ont jugé; «qu'il constituait une boisson vineuse destinée à la consommation, et que l'intention du législateur a été d'atteindre tout liquide fermenté et tiré du raisin et pouvant servir de boisson.» Les conclusions de la Régie ont été, en conséquence, adoptées contrairement aux prétentions des préparateurs des vins de raisins secs, et les prévenus ont été condamnés pour avoir fabriqué sans déclaration, des boissons imposables.

Il résulte de cette jurisprudence, que toutes les dispositions législatives afférentes à la tarification, à la vente et à la circulation des vins de vendanges, sont applicables aux piquettes, aux vins de raisins secs et aux similaires du vin.

LICENCE

Nul ne peut notamment se livrer à la vente de ces sortes de boissons s'il n'est préalablement muni d'une licence, soit de marchand en gros, soit de débitant, suivant qu'il vend en gros ou en détail, et les obligations générales imposées aux marchands en gros ou aux débitants, lui deviennent alors applicables. Il n'y a à cet égard que l'exception spécifiée plus loin concernant le récoltant qui vend en gros des piquettes fabriquées avec des marcs de sa récolte.

Je vais passer en revue les règles spéciales relatives à la fabrication de ces produits, à la tenue des comptes et à la surveillance qu'il convient d'exercer chez les marchands en gros, chez les débitants, les récoltants et les simples particuliers.

Marchands en gros se livrant à la fabrication des vins de raisins sec, piquettes, etc.

L'article 100 de la loi du 28 avril 1816 dispose qu'il sera tenu pour les boissons en la possession des marchands en gros un compte d'entrée et de sortie, et que le compte des entrées sera réglé d'après les congés, acquits ou passavants que les marchands en gros sont obligés de représenter. Il suit de là que la loi n'autorise au domicile des marchands en gros aucune opération de nature à augmenter leurs entrées, et que tout accroissement de charges qui n'est pas justifié par la représentation d'une expédition constitue une contravention et peut donner lieu à la saisie des quantités irrégulièrement introduites. En fait, c'est interdire d'une manière générale aux marchands en gros la faculté de fabriquer. L'administration n'entend pas appliquer cette interprétation rigoureuse, mais elle se trouve, par suite de la disposition législative qui vient d'être rappelée, autorisée à prendre les précautions qu'elle juge indispensable pour garantir la perception de l'impôt sur les boissons fabriquées par les marchands en gros.

Le droit de la Régie, à cet égard, est d'ailleurs corroboré, dans les villes d'une population de quatre mille âmes et au-dessus, par les prescriptions de l'article 17 de la loi du 25 juin 1841, qui place expressément sous la surveillance des employés des contributions indirectes toutes les fabrications opérées à l'intérieur. Cet article stipule que toute personne qui récolte, fabrique ou prépare dans l'intérieur d'une ville sujette au droit d'entrée des vins, cidres, poirés, hydromels, alcools ou liqueurs, est tenue d'en faire la déclaration au bureau de la régie et d'acquitter immédiatement le droit, si elle ne réclame la faculté d'entrepôt.

Déclaration de fabrication

Ainsi, en vertu de l'article 100 de la loi du 28 avril 1816, dont l'application est générale dans les campagnes et dans les villes sujettes, et, en outre, par suite des prescriptions spéciales aux villes sujettes, de l'article 17 de la loi du 25 juin 1841, tout marchand en gros qui veut se livrer à la fabrication des piquettes et des vins de raisins secs doit, pour ne pas se mettre en contravention et éviter la saisie des produits qu'il se propose de fabriquer, faire une déclaration préalable de fabrication.

L'article 17 de la loi de 1841 veut que dans les villes sujettes, la déclaration précède de 12 heures la première fabrication de l'année. Dans les mêmes localités, la déclaration obligatoire pour chaque fabrication ultérieure sera faite également 12 heures à l'avance. Dans les campagnes le délai sera d'au moins 24 heures. La déclaration de fabrication sera reçue à la recette buraliste au registre n° 14; elle indiquera:

1° La date et l'heure du commencement de la fabrication; celle de la fin de la fabrication ou de l'entonnement;

2° Le poids ou le volume, ainsi que la nature, de chacune des matières qui seront mises en œuvre;

3° Le volume total des quantités mises en fermentation;

4° Par approximation, la richesse alcoolique du produit après la fabrication;

5° La quantité de boisson qui sera fabriquée.

Prise en charge des quantités déclarées

Lorsqu'il s'agit d'alcools ou de vins de vendanges, il est admissible que le fabricant éprouve des difficultés à faire une déclaration préalable énonçant exactement la quantité qui sera produite; il n'en est pas de même lorsqu'il s'agit de vins de raisins secs, puisqu'ici le fabricant connaît le volume d'eau qu'il se propose de verser sur les fruits. En conséquence, le rendement déclaré et enregistré au registre n.° 14 déterminera par son intégralité le montant de la prise en charge.

Cette prise en charge ne sera atténuée que sur des justifications que l'administration se réserve d'apprécier. Le cas échéant, les directeurs se saisiront de ces questions sous le timbre de la 1re division. La quantité exprimée dans la déclaration primitive pourra toutefois être accrue par une déclaration supplémentaire si, dans le cours de son travail, le fabricant reconnaît qu'il a imparfaitement prévu la densité des sirops ou la force alcoolique du produit fermenté, et que celui-ci comporte une plus forte addition; le n° 14 recevra à cet effet une nouvelle inscription modificative de la précédente.

Rendement et force alcoolique

Le rendement effectif peut varier selon la qualité des matières premières employées, selon la saison pendant laquelle la fabrication a lieu, et suivant la destination du produit. D'après les données généralement admises, 100 kilog. de raisins secs produisent, en moyenne, 3 hect. de vin dont la richesse alcoolique varie de 5 à 12 degrés, suivant le mode de fabrication et la qualité des fruits. Si d'après ces indications, les buralistes considèrent la déclaration comme exacte, ils la reçoivent purement et simplement; si, au contraire, la déclaration est manifestement insuffisante, ils doivent la discuter. Dans le cas où malgré les observations le fabricant maintiendrait sa déclaration, cette déclaration serait enregistrée; mais alors le buraliste informerait immédiatement le service, qui prendrait les mesures de surveillance nécessaires pour assurer la prise en charge de l'intégralité des fabrications.

Tenue des comptes, compte de fabrication.

Il est ouvert à chaque marchand en gros, fabricant au registre portatif n° 504.

Un compte général de fabrication;

Le compte de la fabrication produira à la page des entrées les indications fournies par le fabricant dans sa déclaration au registre n° 14 en ce qui concerne le poids et le volume des matières premières, le volume des quantités mises en fermentation, le degré alcoolique et la quantité des boissons qui seront fabriquées. Cette dernière quantité sera celle qui sera prise en charge. On y ajoutera ultérieurement, dans les conditions indiquées plus bas, les excédants reconnus par le service aux cuves de fermentation, à l'entonnement ou dans les inventaires.

Les décharges comprendront les quantités de vins qui après l'achèvement de chaque fabrication, seront prises en charge au compte définitif.

Les excédants reconnus au compte de fabrication dans les inventaires et recensements prescrits précédemment seront saisis par procès-verbal comme doit l'être tout excédant constaté chez un marchand en gros. En outre ces excédants seront ajoutés aux charges du compte.

Toutefois, dans le cas où il s'agira seulement d'une différence en plus représentant au maximum 5 p. 0/0 du total des fabrications déclarées et prises en compte depuis le dernier recensement, et si les employés ont lieu de croire qu'il y a eu réellement erreur d'évaluation de la part du fabricant, le service s'abstiendra de verbaliser et de saisir et se bornera de prendre l'excédant en charge.

Manquants

Tous les manquants constatés seront inscrits en sortie au compte de fabrication et pris en charge.

S'il s'agit d'accidents, les fabricants seront avertis que l'administration n'accordera la décharge des quantités perdues qu'autant que les employés auront été mis à même de le constater.

Eaux-de-vie employées à la fabrication des vins de raisins et autres similaires.

Aucune franchise de droit n'est actuellement accordée pour les alcools versés sur des vins (article 5 de la loi du 8 juin 1864); en conséquence, les eaux-de-vie qui serviront à la fabrication des vins factices ne seront pas portées en décharge; elles assortiront en manquants et seront passibles des droits dans les conditions générales.

Distillation des vins de raisins secs, etc

Si des marchands en gros, fabricants de similaires de vin se livraient à la distillation de leurs produits, ils seraient nécessairement soumis à la législation spéciale aux distillateurs de profession et à toutes les obligations imposées par les règlements pour les assujettir à cette catégorie.

Débitants se livrant à la fabrication des vins de raisins secs, piquettes, etc.

Les piquettes et les vins de raisins secs sont passibles du droit de détail ou de taxe unique édité pour les vins.

Aux termes de l'article 53 de la loi du 28 avril 1816, les débitants ne peuvent introduire des boissons dans leurs domiciles, caves ou celliers, qu'en vertu des congés, acquits ou passavants. Cette disposition est applicable aussi bien aux débitants des villes sujettes qu'aux débitants des campagnes.

Ils ne peuvent donc accroître leurs charges d'une manière qui n'a été ni prévue ni autorisée par la loi. Toutefois, ici encore, l'administration tolère les fabrications, à la condition que l'assujetti fasse les déclarations préalables et place sous la main de la régie l'intégralité des produits obtenus. Ces déclarations seront, comme celles des marchands en gros, reçues au registre n° 14. Dans les villes soumises au droit d'entrée, l'obligation d'une déclaration préalable résulte d'ailleurs des termes formels de l'article 17 de la loi de 1841, comme il a été expliqué à l'occasion des marchands en gros.

Chez les débitants exercés, la prise en charge des vins de raisins secs, piquettes, etc., sera faite au compte ordinaire, soit en vertu d'expéditions pour les quantités reçues du dehors, soit en vertu d'un acte motivé et relatant la déclaration inscrite au n° 14 pour celles qui seront fabriquées sur place.

Chez les abonnés, la prise en charge aura lieu dans les mêmes conditions au portatif n° 115. Le service ne devra pas manquer d'assister à tous les entonnements, enfin d'empêcher que les excédants de fabrication ne servent à couvrir ces manquants, et que l'abonné ne puisse ainsi fausser les bases de l'abonnement suivant.

Chez les débitants exercés et chez les débitants abonnés, établis dans les villes sujettes au droit d'entrée, les vins fabriqués sur place avec des raisins secs, seront immédiatement soumis au droit d'entrée.

Dans les villes à taxe unique, un compte sera ouvert à chaque débitant fabricant au registre 50 B. On inscrira à ce compte les résultats de la fabrication et de la déclaration.

Les débitants seront tenus au fur et à mesure de leur fabrication, d'acquitter les droits de taxe unique sur les quantités fabriquées; le décompte général sera établi en fin de trimestre et les droits seront inscrits à l'état de produits n° 52-AA (taxe unique).

En cas de déplacement ou de vente, le droit de vente, le droit de circulation est exigible sur les quantités de similaires du vin, mis en mouvements par les débitants, que ceux-ci aient ou non la position de récoltants.

Dans les villes sujettes au droit d'entrée, le récoltant et le simple particulier qui se livrent à la fabrication des vins factices sont tenus suivant la règle générale édictée par la loi du 25 juin 1841 et sauf l'exception relative aux piquettes, rappelée en note à la page 3, de déclarer leurs fabrications et d'acquitter immédiatement la taxe locale (prise en charge et décompte au portatif n° 50-3, constatation du droit à l'état de produit n° 52).

Dans les villes non sujettes et dans les campagnes, les récoltants et le simple particulier qui fabriquent des vins de raisins secs, des piquettes, etc., pour leur consommation personnelle, qui ne les vendent, qui ne les déplacent pas, ne sont pas astreints à faire des déclarations de fabrications.

Mais dans les villes sujettes comme dans les campagnes, la qualité de récoltant n'est acquise qu'au propriétaire qui opère avec des produits provenant exclusivement de sa récolte. Le récoltant peut donc vendre en gros, sans licence, les piquettes fabriquées par lui avec le marc de ces propres raisins. Il peut aussi déplacer ces piquettes de chez lui en franchise dans le rayon déterminé par l'article 20 du décret du 17 mars 1852. En dehors de ces cas, si en quelque lieu que ce soit, un récoltant livre à la vente en gros ou à la vente en détail, des vins fabriqués avec des raisins secs ou avec d'autres matières premières d'achats, il perd sa qualité de récoltant, devient immédiatement passible de la licence de marchand en gros et de débitant, et doit être assujetti à toutes les obligations générales établies par la loi et aux obligations spéciales indiquées plus haut, en ce qui concerne les marchands en gros et les débitants. S'il déplace des fabrications de cette nature, pour les conduire de chez lui, le droit de circulation est exigible, soit en dedans, soit en dehors du rayon déterminé par le décret du 17 mars 1852.

A l'égard de tous les mouvements de vins de raisins secs, piquettes, etc., spécifiés ci-dessus, les prescriptions rappelées, page 10 et 14, concernant la déclaration exacte de l'espèce et de la qualité des boissons sont pleinement applicables.

Récoltants distillant les vins de raisins secs provenant de leur fabrication

Un grand nombre de récoltants ne se livrent à la fabrication des vins de raisins secs ou autres produits similaires qu'en vue de distiller ensuite tout ou partie des produits ainsi obtenus. Il peut y avoir là une production importante d'alcool qui échapperait à l'impôt, si le service perdait de vue les règles applicables en pareil cas ou négligerait d'en assurer l'exécution.

Aux termes de l'article 8 de la loi du 23 juillet 1837, «sont seuls considérés comme bouilleurs de cru, les propriétaires ou fermiers qui distillent exclusivement les vins, cidres ou poirés, marcs et lies provenant de leur récolte.»

Si donc un récoltant livre à l'alambic, des vins fabriqués avec des raisins secs d'achat ou des marcs de cette fabrication, il cesse d'être bouilleur de vin, il devient bouilleur de profession; et il est tenu de se soumettre aux obligations imposées aux redevables de cette catégorie. «Déclaration d'établissements, d'appareils de fabrication, payement de la licence, etc.» Les employés rechercheront activement les récoltants qui se trouveraient dans cette situation et lorsqu'ils seront en mesure d'établir qu'un propriétaire ne brûle pas seulement ses propres produits, qu'il brûle des vins ou des marcs provenant des raisins secs ou d'autres matières premières d'achat, ils n'hésiteront pas à constater le fait par procès-verbal. **Toutefois, avant de procéder par voie de répression, ils avertiront les intéressés des obligations qu'ils ont à remplir.** Ce n'est que quand ceux-ci refuseront de s'y conformer, que, effectuant chez eux une visite dans les conditions déterminées par l'article 237 de la loi du 28 avril 1816, ils feront en sorte de surprendre une distillation clandestine et dresseront procès-verbal. Pour que l'affaire puisse, au besoin, être portée avec succès devant les tribunaux, il sera indispensable que l'acte soit conçu dans les termes précis et concluants.

C'est à l'égard des récoltants ou des simples particuliers que des mesures spéciales de surveillance sont indispensables.

Quand, par suite des informations recueillies, un simple particulier ou un récoltant, sera soupçonné de fabriquer des vins autres que de vendanges, ou de se livrer à la distillation des produits spécifiés ci-dessus, les enlèvements pouvant provenir de chez lui seront l'objet d'une surveillance particulière et, le cas échéant, les employés le mettront en demeure de se soumettre aux dispositions indiquées plus haut au chapitre des récoltants.

J'invite les directeurs et sous-directeurs, et inspecteurs à assurer l'exécution des dispositions de la présente circulaire.

AUDIBERT.

Conseiller d'Etat, Directeur général
des contributions indirectes.

Circulaire n° 298 du 26 août 1880

Appelé sur la demande de M. le Ministre de l'Agriculture et du Commerce, à se prononcer sur la question des vins de raisins secs, le Comité consultatif d'hygiène publique, par un avis en date du 12 janvier 1880, a fait connaître que ces vins *renferment les mêmes principes* que les vins de vendanges, mais toutefois dans des proportions différentes; que, mélangés avec ceux-ci, leur usage est sans inconvénient au point de vue de l'hygiène, que dans cet état de mélange, qui est d'ailleurs celui sous lequel cette boisson est généralement employée dans la consommation et en raison même *de la similitude des principes contenus dans les deux espèces de liquides*, la constatation par l'analyse de la proportion de vins de raisins secs ajoutée, présente d'autant plus de difficulté que l'addition de ce vin a été plus faible; que cette difficulté est une cause d'hésitation pour les experts, et enfin que l'importation en France, sans déclaration d'espèce, des vins de vendanges coupés de vins de raisins secs, peut ainsi être tentée, sans qu'on ait toujours les moyens de la réprimer.

En présence d'un avis ainsi formulé, l'administration a pensé qu'il convenait d'abandonner certaines dispositions prescrites par la circulaire n° 272 du 4 septembre 1879, qui sont gênantes pour le commerce et dont la suppression ne saurait préjudicier à la constatation de l'impôt. Elle a décidé en conséquence que désormais les déclarations de mélanges ne seraient plus exigées des négociants, et qu'il ne serait plus tenu de comptes distincts pour les vins de raisins secs.

Je vous prie de porter immédiatement cette décision à la connaissance des intéressés, et de donner les ordres nécessaires aux receveurs buralistes, pour qu'ils cessent de recevoir les déclarations de mélange, et de relater sur les expéditions, *la distinction entre les vins de vendanges et les vins de raisins secs.* Les comptes spéciaux des vins de raisins secs devront être immédiatement totalisés, et les totaux, y compris ceux des multiplications seront reportés au compte ordinaire de vins, par un acte motivé relatant le numéro et la date de la présente circulaire.

En dehors de ces deux points spéciaux, il doit être bien entendu que toutes les autres prescriptions de la circulaire n° 272 précitée, demeurent retenues et doivent être rigoureusement observées; les déclarations de fabrication comportant l'indication du rendement (volume et richesse) restent notamment obligatoires. Le compte de fabrication continuera à être tenu. Toutefois, au lieu d'être reportés à un compte spécial, les vins de raisins secs achevés et dont il aura été donné décharge au compte de fabrication, ainsi que les manquants constatés à ce dernier compte, seront inscrits aux charges du compte général des vins.

Comme par le passé le service doit prêter son plus entier concours à l'autorité judiciaire; à cet effet il devra suivre avec attention les fabrications des vins artificiels et se rendre compte des matières utilisées dans les fabrications et des procédés mis en pratique, afin d'être toujours en mesure de fournir *les renseignements que les parquets pourraient désirer à cet égard.* L'attention des employés devra tout particulièrement s'arrêter sur les opérations des propriétaires récoltants. Il importe de surveiller les arrivages de raisins secs dans les pays vignobles, afin de rechercher si ces raisins ne sont pas employés à la fabrication du vin, soit isolément, soit avec de la vendange, et si les vins qui en proviennent ne sont pas livrés à la distillation. La circulaire n° 272, contient à cet égard des instructions détaillées auxquelles il conviendra de se reporter. Les chefs de service devront veiller à l'exécution des dispositions qui précèdent.

Signé: AUDIBERT,

Conseiller d'Etat, Directeur général des
Contributions Indirectes.

1re LETTRE

Parue dans les principaux organes vinicoles en réponse à la circulaire ministérielle.

Marseille, le 7 octobre 1879.

Monsieur le Rédacteur en chef,

C'est aux colonnes hospitalières de votre excellent journal que je viens demander l'insertion de cette lettre; c'est à sa grande publicité que je recours pour provoquer le redressement d'une injustice inexplicable qui peut, en ruinant une des principales industries naissantes de la France, la priver ainsi du principal de ses revenus.

Je veux parler de la récente circulaire de M. le ministre de la justice, flétrissant du nom de falsification et punissant en conséquence les vins fabriqués avec des raisins secs.

Assurément la bonne foi de M. le ministre a été surprise.

Ici, j'en appelle à tous ceux de nos savants en renom qui se sont occupés de l'art de fabriquer le vin; c'est en les citant que je vais prouver combien M. le ministre a agi à la légère, en détruisant par une simple circulaire le résultat obtenu par la Science: doter le commerce et l'industrie d'une branche nouvelle pouvant, à un moment peut-être bien proche, indemniser le Trésor des pertes immenses que le phylloxéra lui fait subir.

Quand des millions d'hectolitres de vin de raisins secs sont fabriqués dans notre pays et bus sans plainte de la part des consommateurs, quand la statistique officielle constate un excédant dans la recette des contributions indirectes, bien qu'un tiers de la récolte ait disparu, que fait le gouvernement? Loin de reconnaître le service rendu au pays par les promoteurs de la fabrication du vin de raisins secs, on les défère aux tribunaux correctionnels comme prévenus de falsification et on anéantit du même coup une industrie qui donnait de si beaux revenus au Trésor.

Le vin fabriqué avec des raisins secs est-il réellement une falsification, et peut-on même établir un rapprochement entre cette boisson et la piquette?

Tel est le point de départ de la circulaire de M. le ministre de la justice. C'est cette erreur énorme que je vais combattre tout d'abord.

Sait-on comment ont intitulé leurs ouvrages les Lavoisier, les Chaptal, les Ténard, les Gay-Lussac, les Maumené, etc.?

Ce titre qu'on ne peut changer par aucun autre est celui-ci:

L'ART DE FABRIQUER LE VIN

Résumons, maintenant, l'opinion de tous ces auteurs.

Le vin, disent-ils, ainsi que presque toutes les boissons, n'étant point l'ouvrage pur et simple de la Nature, les mêmes raisins dans de bonnes ou de mauvaises mains feront, soit une boisson délicieuse, soit un liquide exécrable.

C'est donc un art que la fabrication du vin, et défense est faite, au ministre lui-même, de franchir les portes du laboratoire du fabricant, quand la chimie n'emploie pour les boissons, qui servent à l'alimentation, que des ingrédients (et ils sont nombreux) que la Science et le Gouvernement ont approuvés.

Nos vins de France ne doivent leur éclatante et impérissable réputation qu'à leur heureuse et savante fabrication.

Voyons maintenant ce que sont ces raisins secs qu'on traite si dédaigneusement.

Originaires, pour la plupart, du Midi de l'Europe et principalement de la Grèce et de l'Asie-Mineure, c'est eux qui produisent ces fameux vins de Chypre, de Samos, etc., dont M. le Ministre a dû plus d'une fois savourer le bouquet et le goût exquis, bien qu'ils n'eussent été fabriqués qu'avec des raisins secs.

La conclusion, à tirer de ceci, serait donc que les vins fabriqués en Asie-Mineure, en Grèce, etc., seront reconnus naturels et vrais, alors que les mêmes vins, obtenus de la même façon en France, ne seront considérés que comme de viles falsifications, passibles des tribunaux, et punissables de la prison.

Pourquoi, pourra-t-on alors m'objecter, ces innombrables quantités de raisins nous arrivent-elles séchées et non changées en vins? Je réponds: Parce que le manque de bras et le défaut de savoir empêchent les populations du Levant de produire même des vins ordinaires.

Entrant dans le cœur de la question qui fait l'objet de sa circulaire à MM. les directeurs des contributions indirectes, je défie qu'on puisse citer le principe au nom duquel on stigmatise de l'épithète de «falsifié» le vin de raisins secs.

Voici, d'une manière générale, comment ce vin s'obtient:

Comme pour les vins de vendanges, on met dans la cuve d'un cellier, à la température de 15 ou 20 degrés, les raisins secs, *qui sont le produit de la vigne*, et auxquels la partie aqueuse qu'on a extraite, par l'évaporation, fait seule défaut. Je dis la partie aqueuse *seule* car le raisin sec, dont la pulpe durcie forme un préservatif, contient en entier tous les principes: le sucre, le tannin, les acides, les sels, etc., qui constituent les qualités du raisin frais.

Le fabricant n'a donc à rendre à ces fruits que la partie aqueuse qui leur manque. C'est à ses risques personnels qu'il fait des vins plus ou moins bons et alcoolisés, suivant qu'il augmente ou diminue la proportion naturelle de l'eau que possédait le raisin à l'état frais. On foule ensuite et on mène la fermentation comme pour les vins de vendanges.

Où est donc, je le demande, la différence entre cette vendange de toute l'année et celle de septembre? Est-ce dans la mise de l'eau sur les raisins?

Qu'on ouvre les auteurs fameux que j'ai cités plus haut: tous reconnaissent d'un commun accord que la cuve, avant la fermentation vineuse, peut recevoir tous les ingrédients, et ils sont nombreux, reconnus hygiéniques, inoffensifs et susceptibles de rendre la liqueur vineuse meilleure.

Maintenant, peut-on établir un rapprochement entre le vin de raisins secs et la piquette?

Evidemment non. La piquette vendue comme vin constitue une fraude, un vol manifeste. Pour faire du vin qu'on puisse vendre comme tel, il faut non-seulement employer la pulpe du raisin, mais encore les innombrables matières qu'il contient.

Peut-on dire que l'eau ayant passé sur du marc de raisin d'où la fermentation vineuse a extrait tous les principes constituants est du vin? non!

La loi, que M. le garde des sceaux vise, est pourtant explicite: «Ne sont considérés comme boissons que: le vin, produit du raisin, le cidre, le poiret, l'hydromel.»

Un mélange d'eau et d'alcool ne peut donc en rien prétendre au titre de vin. Est-ce le cas des vins de raisins secs? Evidemment non.

Qu'on poursuive donc les fraudeurs qui sous le nom de vin livrent des piquettes au commerce; qu'on punisse sévèrement toutes les fraudes qui ruinent les bourses et les santés; mais que M. le Ministre revienne sur sa décision qui tue dans son berceau une industrie précieuse, fournissant aux classes populaires une boisson hygiénique et à bon marché, et assurant au Trésor une source considérable de revenus.

Si vous le permettez, Monsieur le rédacteur en chef, je démontrerai dans une seconde lettre l'impossibilité matérielle qu'il y a pour les employés du fisc de contrôler la véritable fraude que la circulaire a voulu réprimer; je prouverai en outre, qu'elle couvre et encourage cette fraude par l'impunité, et que le commerce et l'industrie des vins et spiritueux provenant des raisins secs sont frappés de mort par ladite circulaire de M. le Ministre de la justice.

Agréez, etc.

J.-F. AUDIBERT,

Créateur en France de l'Industrie des vins de raisins secs, Chevalier de l'ordre du Sauveur (Grèce), médaillé par M. le Ministre de l'Agriculture et du Commerce, Marseille.

2e LETTRE

2me lettre à M. le Ministre

Marseille, le 1er Janvier 1880.

La question des vins de raisins secs.

Monsieur le Ministre de la Justice,

C'est à vous que j'adresse ma seconde lettre, sachant que vous n'avez en vue que la prospérité commerciale et le bonheur de la France.

Au nom de la navigation, du commerce et des classes populaires, je viens vous demander, Monsieur le Ministre, de rendre à la fabrication des vins de raisins secs, la liberté dont l'a privée M. le Royer, votre honorable prédécesseur. Je suis le premier à rendre justice à l'intention qui la lui avait dictée; mais, ainsi que j'en ai apporté la preuve dans ma 1re lettre, en date du 7 octobre, et que je me propose de compléter, le remède était pire que le mal.

J'ai dit précédemment, Monsieur le Ministre, ce qu'étaient les vins de raisins secs, et combien ils justifient peu les mesures prises à leur égard. Je vais démontrer l'impossibilité matérielle de contrôle par les employés du fisc, la véritable fraude à laquelle elle donne naissance et qu'elle encourage indirectement, et les pertes que le Trésor subit, la fabrication se trouvant paralysée par ladite circulaire.

1° Les employés du fisc peuvent-ils reconnaître le vin de raisins secs et en déférer aux procureurs généraux, ainsi que leur a ordonné M. Audibert, directeur général des contributions indirectes, sur l'instigation de M. le Ministre de la justice? Je réponds: C'est matériellement impossible.

Ma réponse, Monsieur le Ministre, n'est aussi formelle que parce qu'elle s'appuie sur des faits irréfutables.

Voici le premier. «La Chambre de commerce de Marseille a fait faire l'analyse de ces vins sans aucun coupage, et le rapport fait par M. de la Souchère, chimiste expert auprès du tribunal de Marseille, et adressé à la Chambre des députés, conclut à l'identité du vin de raisins secs avec le vin de raisins frais. Bien plus, quelques parties (les plus importantes), telles que la crême de tartre, se trouvent dans des proportions supérieures dans les vins de raisins secs.»

Voici le second fait: «M. Reboul, l'éminent doyen de la Faculté des sciences à Marseille, chargé d'un travail semblable par l'administration, a pris les mêmes conclusions et a fait un rapport très important, dans ce sens, à l'Académie des sciences.»

Peut-on exiger que nos modestes et dévoués employés des contributions indirectes découvrent ce que les personnes les plus compétentes dans la science déclarent impossible à reconnaître?

Je parle ici des vins blancs de raisins secs, sans aucun coupage avec du vin de raisins frais.

Dans le cas de coupage, on comprend aisément, M. le Ministre, que leur recherche devient une chimère, et qu'il serait plus facile de reconnaître deux eaux de même source, mélangées dans le même vase, que les deux vins.

2° La fabrication des vins de raisins secs étant paralysée, la fraude est-elle arrêtée?

Ici je cherche celle qu'a voulu réprimer l'honorable M. Le Royer, dans sa circulaire à MM. les procureurs généraux. Voici, je crois, quel a été son but: Empêcher, sur le couvert du coupage, la consommation d'une boisson qu'il a cru malfaisante et la tromperie sur la marchandise vendue.

Je pense, Monsieur le Ministre, qu'après avoir lu ce qui précède, vous avez dû faire justice de la première supposition. Reste à combattre la seconde et prouver son évidente erreur.

Croyez-vous qu'en vendant au consommateur, sur son choix, un vin coupé franc de goût, aussi hygiénique que le vin de raisins frais, il y ait tromperie sur la marchandise vendue? Non, car ce n'est qu'après qu'il a dégusté et choisi lui-même le vin qu'on le lui vend. Que demande le consommateur? Du véritable vin. Quelqu'un peut-il soutenir que ceci n'en soit pas? le trompe-t-on?

Et pourtant, que d'autres produits alimentaires, aussi importants, la circulaire eût pu viser, et cela justement. Que sont ces huiles, soi-disant d'olives que la France en entier, et surtout le Nord, consomment? Des huiles purifiées de coton!

Combien d'autres exemples ne pourrais-je pas citer. Je comprends, dans cette occasion, le mot falsification et l'application de ladite circulaire; car, en somme, les produits faux peuvent ressembler aux vrais, mais n'ont point la même source et justifieraient presque l'épithète de tromperie. Est-ce le cas des vins de raisins secs?

Mais maintenant, Monsieur le Ministre, que j'ai exposé le plus clairement que je l'ai pu combien la circulaire de votre honorable prédécesseur était funeste à cette industrie naissante, appelée cependant à rendre de si grands services en présence des ravages croissants du Phylloxéra, permettez-moi de vous signaler les conséquences désastreuses qu'elle peut avoir pour le Trésor et la véritable fraude qu'elle fait naître.

Vous n'ignorez pas, Monsieur le Ministre, les prix exorbitants que nos vins ont atteints, à la *propriété*, dans le Midi, à la suite du Phylloxéra; 45 fr. l'hect. est le prix moyen auquel on peut acheter du bon vin rouge. Or, voici celui auquel revient le vin, rendu chez le débitant, à Marseille.

Ce tableau sera le plus saisissant exemple que je puisse faire passer sous vos yeux:

Achat	l'hect.	45 fr.
Transport de la propriété à la gare voisine, prix moyen	—	»» fr. 50
Transport du chemin de fer à Marseille	—	1 fr. 50
De la gare en ville	—	»» fr. 25
Droits d'entrée	—	11 fr. 25
Perte et creux de route	—	»» fr. 25
Total	—	58 fr. 75

Soit, *onze sous 1/2*. Et cependant le vin se vend en général, à Marseille, 0 fr. 50 cent, le litre au maximum!

Je m'arrête, Monsieur le Ministre, vous devinez la fraude, la véritable fraude: l'eau. Le marchand de vin honnête ne sera plus forcé de mettre cette eau, le jour où il pourra couper, impunément et sans crainte de la prison, son vin avec ceux de raisins secs. J'ai cité Marseille; que serait-ce si je citais Paris, où l'eau ne remplit même déjà plus les fonctions économiques qu'on lui demande et où on la remplace par de véritables poisons.

J'ai promis de démontrer les pertes que la circulaire fait éprouver au Trésor. Il est facile, après ce que je viens de rapporter ci-dessus, de voir le déficit immense que cet état de choses occasionne à la caisse publique; car toute cette quantité d'eau, que même les plus honnêtes marchands emploient, ne paie pas de droits. Comme l'a dit si judicieusement un de nos plus vaillants députés: l'ouvrier par ce rigoureux hiver, et le pauvre, dont le cœur se resserre aux dures caresses de la neige, veulent et ont besoin de boire du vin, Monsieur le Ministre, ce principal agent de force et de vie de l'homme.

Convient-il de sévir contre ce débitant dont le passé irréprochable plaide pour lui, si, amené à votre barre, il vous répond: qu'il a coupé son vin avec de l'eau, parce que vous punissez aussi sévèrement, sinon plus, les coupages avec du vin de raisins secs regardés comme une véritable falsification.

C'est donc une perte immense et irréparable que le Trésor subit et qui se chiffrera cette année, pour la France, au moins par 40 ou 50 millions, si votre intelligente initiative n'apporte un prompt remède à cet état de choses aussi funeste aux populations ouvrières qu'au commerce vinicole.

Je m'arrête, plein de confiance dans votre justice, Monsieur le Ministre, etc.

Je suis avec respect, Monsieur le Ministre, etc.

JOSEPH AUDIBERT,

C'est aux démarches qui accompagnèrent cette lettre, que l'on doit la circulaire n.° 298 du 26 août 1880, qui répara, en partie, le mal qu'avait fait celle du 4 septembre 1879.

EXPÉRIENCE

D'une fabrication de vin avec des raisins, de l'eau et du sucre, d'après M. Petiot lui-même.

Cette expérience, devenue populaire, était à base de sucre de canne parce que M. Petiot ne connaissait pas alors les raisins secs du Levant. Aujourd'hui, le propriétaire remplace le sucre par les raisins secs, ce qui est non seulement économique mais encore bien plus productif.

«Convaincu que le raisin seul pouvait fournir les éléments d'un liquide qui méritât le nom de vin, c'est sur le fruit de la vigne, que j'ai concentré mes expériences, en me proposant pour problème, d'obtenir un liquide en tout semblable au vin extrait par les procédés ordinaires, et ne considérant mon but comme atteint, qu'autant que ce liquide aurait identiquement les mêmes qualités, le même bouquet, la même faculté de s'améliorer en vieillissant.

«La première chose à faire était d'analyser le jus de raisin; il contient ordinairement sur 100 parties du poids 88 à 98 parties d'eau, 9 à 11 parties de sucre[60], une seule partie de tartre, du tannin, de matière colorante, de résine ou d'huile essentielle, et d'autres substances dans des proportions si minimes que toutes ensemble, elles ne forment, comme je viens de le dire, qu'environ 1 p. 0/0 du poids.

«Ainsi, l'eau et le sucre forment les 99 centièmes du jus de raisin; les matières donnant la couleur, le goût spécial, le bouquet ou arôme, particulier de chaque cru, n'entrent dans le vin que pour un centième.

«C'est cependant cette centième partie qui, à vrai dire, constitue le vin, qui les distingue des autres liquides, et qui lui donne, principalement, les qualités diverses qui en font le prix.

«Ce constaté, j'en ai conclu que pour faire le vin, il serait facile de reproduire les 99 centièmes des éléments qui le composent, l'eau distillée étant partout la même, et le sucre de betterave ou de canne, se transformant par la fermentation ou le contact des acides, en sucre identique à celui qui se trouve dans le raisin; mes expériences sur le sucrage et la fermentation des vins nouveaux ne m'avaient laissé aucun doute sur ce point.

«Il ne fallait donc plus ajouter au vin et au sucre que les substances diverses contenues dans cette centième partie qui fournit la couleur, le goût, le bouquet. Mais ces substances précieuses, caractéristiques, il ne me paraissait pas possible de les chercher ailleurs que dans le raisin, où la nature les a réunies et amalgamées dans des proportions et des conditions que l'art serait impuissant à imiter.

«Je me suis alors demandé si le jus de raisin, exprimé par les procédés ordinaires, avait entraîné, absorbé tout ce que contenait le raisin de ces matières colorantes et aromatiques, s'il n'en restait pas encore dans le résidu solide, la pulpe, la graine, la grappe, dans ce qu'on appelle le marc enfin, si ce qui restait ne pouvait pas encore s'en extraire et être utilisé pour donner de nouveau à de l'eau et à du sucre, parties intégrantes du vin pour 99 centièmes, le goût, l'arôme et les autres qualités du jus de raisin.

«La question ainsi posée, je me mis à la recherche des faits; je reconnus que ces matières, et surtout la plus précieuse, la résine, n'étaient dissoutes et utilisées, par les procédés ordinaires, qu'en très minime partie; la matière colorante, dans les années où le raisin a mûri pendant la sécheresse, et sous les rayons brûlants du soleil (comme pendant septembre 1855), est en très petite quantité, et forme contre la pellicule des grains de raisin une couche très épaisse, qui ne se dissout qu'en partie par une seule fermentation. Le tartre est la matière qui s'échappe le plus facilement; le tannin est en proportion considérable dans la peau, les pépins et la grappe. Le plus souvent ces deux dernières matières sont en excès dans le vin, et nuisent beaucoup à son agrément; la proportion du tartre qui est la plus convenable est de 3 ou 4 millièmes.

«Convaincu qu'une partie considérable de ces matières resterait dans le marc, je ne doutais pas qu'il ne fût possible de les utiliser de nouveau, en remplaçant l'eau et le sucre extraits du raisin, forme de jus, par une quantité semblable de ces substances et en provoquant une nouvelle fermentation. La décomposition du sucre et sa transformation en alcool, par la fermentation avec le marc, était pour moi, comme je l'ai déjà dit, un fait acquis d'après mes expériences précédentes.

«Au moment des vendanges de 1854, j'avais l'entière conviction que je pourrais doubler, au moins, la quantité de vin, en ajoutant, soit au moût, soit au marc, une quantité d'eau sucrée égale à celle du jus de raisin.

«Le raisonnement m'avait conduit également à la conviction que ce produit doublé devait se bien conserver, parce qu'il contiendrait en suffisante quantité toutes les substances utiles à la conservation du vin ordinaire, et en moins grande portion celles qui sont la cause de l'altération et de la maladie des vins. Je m'explique:

«Le vin ordinaire contient des ferments en grand excès, et un ferment glaireux qui se trouve près des pépins; les maladies des vins proviennent généralement de cet excès de ferment, qui (surtout dans les mauvaises années) contient beaucoup d'acide malique, d'une nature albumineuse, qui reste en suspension dans le liquide et qui ne s'enlève qu'imparfaitement par les collages et soutirages. Le vin contenant toujours un peu de sucre, lorsqu'il est exposé à la chaleur, le ferment le fait travailler de nouveau, et amène une fermentation intempestive, très difficile à maîtriser, parce que, dans cet état la colle n'agit plus. Aussi le vin, dans ces conditions, s'altère rapidement et finit par tomber en décomposition, produite par une faible fermentation acétique ou lactique.

«Le vin fait, sur le marc, avec de l'eau sucrée, ne devrait contenir au contraire que peu de ferment et surtout un ferment sec provenant en grande partie de la peau du raisin, ferment qui s'élèverait encore par les collages, et qui, dans tous les cas, demeurerait en quantité insuffisante pour produire une fermentation nouvelle.

«Passant du raisonnement à l'expérience matérielle, je me mis à l'œuvre en 1854, et le résultat dépassa toutes mes espérances.

«Avec une quantité de raisins de pineaux noirs, qui, par les procédés ordinaires, aurait produit 60 hectolitres de vin, j'en ai fait 285, près de *cinq fois plus*.

«Voici comment j'ai procédé:

«J'ai extrait de la cuve aussitôt après que les raisins furent écrasés, et avant la fermentation, tout le liquide qui a pu sortir: cela m'a fait un vin blanc légèrement teinté, très fin et très bon. J'en ai extrait de la sorte 45 hectolitres (les trois quarts de ce que j'aurais obtenu si j'avais pressé le marc).

«J'ai pesé ce jus de raisin au gleuco-œnomètre: il pesait 13 degrés. Pour amener de l'eau sucrée à la même densité, il fallait 19 kilogrammes de sucre par hectolitre d'eau.

«J'ai remplacé alors, dans la cuve, les 45 hectolitres de jus de raisin pur, par 50 hectolitres d'eau sucrée, à raison de 18 kilogrammes de sucre raffiné par hectolitre. J'ai laissé fermenter, et trois jours après, lorsque la fermentation a été terminée, j'ai tiré de cette même cuve 50 hectolitres de vin rouge ayant une belle couleur.

«Voulant pousser l'expérience jusqu'au bout j'ai renouvelé plusieurs fois l'opération.

A la seconde, j'ai remplacé les 50 hectolitres par 55 hectolitres d'eau sucrée à 22 kilogrammes, et après fermentation j'ai tiré, au bout de deux jours, la même quantité de vin.

«A la troisième, j'ai mis 65 hectolitres d'eau sucrée à 25 kilogrammes, la fermentation a encore duré un peu moins de deux jours, alors j'ai pressé le marc et j'ai obtenu 60 hectolitres de liquide.

«Au lieu de jeter le marc pressé, je l'ai remis dans la cuve avec 35 hectolitres d'eau sucrée, j'ai laissé fermenter et j'ai retiré 30 hectolitres de liquide.

«Enfin le vin blanc, non cuvé, naturel a été placé dans des futailles remplies, seulement à moitié, et que l'on a achevé de remplir, douze heures après, avec de l'eau sucrée à 18 kilogrammes.

«Sur ces divers liquides, voici les résultats constatés:

«*Fermentation.*—La fermentation a été très forte dans les quatre opérations d'eau sucrée, la première a été la plus longue à s'achever, et la troisième la plus courte.

«*Couleur.*—Des quatre cuvées de vin d'eau sucrée, c'est la troisième qui a le plus de couleur, et la quatrième, celle de marc pressé, qui en a le moins: la troisième cuve étant plus colorée que le vin par les procédés ordinaires.

«*Alcool.*—J'ai dit que le jus de raisin pesait 13 degrés au gleuco-œnomètre, et que, pour amener un hectolitre d'eau à la même densité, il fallait y dissoudre 19 kilog. de sucre. J'ai vérifié que cette eau sucrée au même degré donnait un vin plus alcoolique que le moût, ce que j'attribue à ce que celui-ci contenait des sels. En effet, le vin naturel donnait 12 pour 0/0 d'alcool, celui d'eau sucrée à 18 kilog. en contenait 13 pour 0/0, celui à 22 kilog. 15 pour 0/0 et celui à 25 kil. de sucre 17 pour 0/0.

«*Goût, bouquet.*—Le vin d'eau sucrée est moins acide, plus vineux, plus moelleux, plus *présent à boire* (comme disent les marchands), et a plus de bouquet que le vin naturel; en un mot, il est positivement meilleur.

«*Conservation.*—J'ai dit des raisons qui m'ont convaincu, d'avance, que le vin d'eau sucrée se conserverait non seulement aussi bien, mais mieux que le vin naturel. L'expérience a pleinement confirmé mes prévisions. Ce vin, est en effet d'une solidité extraordinaire. J'en ai envoyé à la Nouvelle-Orléans, il y est arrivé en parfait état et a été trouvé bon.

«Aux vendanges de 1855, j'ai renouvelé mes expériences de 1854, mais cette fois sur une beaucoup plus grande échelle; au lieu de 285 hectolitres, j'en ai fait 3,000. J'ai varié mes opérations, et, sur certaine cuvée, j'ai renouvelé l'addition d'eau sucrée jusqu'à 8 et 9 fois, savoir: deux opérations en vin blanc, avant fermentations; deux en vin rouge fermenté, et quatre ou cinq en vins blancs, plus ou moins colorés. Le ferment a toujours été suffisant pour faire tomber promptement l'eau sucrée, qui marquait 10° à 0°.

«Les personnes qui m'ont demandé et auxquelles j'ai fait connaître, avec empressement, ma manière d'opérer, parmi lesquelles je dois citer mes voisins, MM. Thénard père et fils, célèbres chimistes, ont fait cette année, dans la Saône-et-Loire et dans la Côte-d'Or, environ 2,000 hectolitres de vin d'eau sucrée. M. Thénard père m'a assuré que le vin, produit par mon procédé dans l'Auxerrois, était supérieur à celui fait avec des raisins seuls.

«J'ai fait goûter, à beaucoup de personnes, mes vins de 1851, faits avec des raisins de ma propriété de Chamirey, crû de second ordre: toutes les ont trouvés très bons, et elles n'ont pu distinguer le vin naturel, fait avec les mêmes raisins, de celui fait avec de l'eau sucrée.

«Les résultats obtenus pour les vins rouges sont superbes, puisqu'on pourrait tripler la quantité; mais ceux sur les vins blancs, et surtout sur les marcs de blancs, sont encore bien plus merveilleux et amèneront certainement une révolution dans le commerce.»

PETIOT.

Opinion de M. Maumené sur l'expérience de Petiot, relatée ci-dessus.

[61]Ces résultats parlent d'eux-mêmes; tous les esprits éclairés ne s'en étonneront pas. S'ils pouvaient causer de la surprise, ce serait uniquement parce qu'il a fallu près d'un siècle depuis Macquer pour les voir mettre en pratique aussi sagement, et sur une aussi grande échelle.

Je m'y arrête pour montrer combien ils sont conformes aux principes d'une saine théorie.

[62]D'après les résultats d'une analyse que j'en ai faite, il serait difficile de distinguer le vin, ainsi préparé, du vin naturel, et les esprits les moins favorables aux imitations du vin ne pourront refuser de convenir que ces vins n'ont au moins rien de dangereux.

L'avenir des vins *raisins-sucreux* est certainement immense. On ne peut voir sans une grande joie, s'étendre une méthode dont les produits augmenteront les ressources de notre principale industrie, celle du vin, remédieront à la pénurie du raisin dans les mauvaises années, et permettront de livrer en tout temps, aux classes pauvres une boisson saine, peu coûteuse, et aussi exempte que possible de toute sophistication. Le trésor public ne peut que gagner à son extension.

Opinion émise sur les vins de raisins secs, dans le bulletin du Laboratoire Agronomique *du 1er mars 1880, par M. Jules Rivière de la Souchère, ancien élève de l'Ecole polytechnique, chimiste-expert auprès du Tribunal de Marseille.*

Nous avons eu l'occasion de donner notre opinion sur cette industrie et sur la valeur de ses produits, et nous n'hésitons pas à lui donner une plus grande publicité.

Le vin de raisins secs a les plus grands rapports de composition avec le vin ordinaire ou de vendange, il en renferme tous les éléments.

L'ouvrier pouvant, grâce à ce procédé, trouver une boisson saine et réconfortante, alors que le peu d'abondance des vins de vendange, par suite du phylloxéra, ne lui permet pas de se procurer une boisson naturelle et non fraudée, **nous n'y voyons qu'un bienfait de plus rendu par l'industrie**.

La fabrication du vin de raisins secs ne date que de quelques années, des perfectionnements peuvent être apportés dans ses procédés, notamment pour améliorer le goût de la nouvelle boisson, et il n'est peut-être pas impossible de voir revivifier la couleur même, qui peut n'être qu'altérée, et non détruite, par la dessiccation.

Analyse des Vins de Raisins secs

L'analyse par M. De la Souchère, de trois vins de raisins secs, a donné les résultats suivants:

ANALYSE	THYRA	VOURLA	CORINTHE
Titre, Alcool	15	12.60	14.40
Poids spécifique	1003.96	995.56	999.96
Extrait sec	47.14	24.37	37.45
Cendre	4.73	4.19	3.51
Matière protéïque	0.27	0.10	0.16
Glucose	12.65	2.75	5.45
Gomme	24.99	11.72	16.33
Crême de Tartre	2.20	1.10	2.40

PETIT RÉSUMÉ

A l'usage des Particuliers et Producteurs

POUR FAIRE LE VIN:

Mettez 100 kilogr. de raisins secs dans une futaille défoncée et 300 litres d'eau chaude à 40° si c'est possible. La température de l'appartement doit être de 15 à 20°. L'opération serait plus vite terminée et le vin meilleur, si l'on maintenait constamment la température du moût à 30° de chaleur. On le constate au moyen d'un thermomètre spécial qu'on adapte au tonneau. La fermentation s'établit d'elle-même.

Le vin est fait et on soutire quand le liquide n'accuse plus que 0° au pèse-sirop et qu'il commence à devenir clair un ou deux jours après qu'il aura indiqué ce degré. Il faut éviter que les grappes forment, en fermentant, le chapeau, ce qui pourrait donner un peu d'acidité au vin.

On soutire le vin dans un fût propre dans lequel on a fait préalablement brûler une mèche soufrée sur papier (procédé Audibert). On clarifie fortement avec 30 grammes de *colle diamant* par hectolitre et 20 gram. d'*Extrait Vinicole*, en fouettant, pendant un bon moment, le vin et la colle, pour obtenir une prompte clarification; on fait le plein, 24 h. après, et on bouche bien.

Au bout de quelques jours, quand le vin est bien brillant, on le met en bouteilles que l'on tient couchées.

Après les avoir pressées, on lave les grappes avec de l'eau chaude, contenant 100 gram. d'*Extrait Vinicole* par hecto, qu'on y laisse séjourner deux ou trois jours et on retire une piquette légère.

Pour colorer on se sert de vin très rouge ou on emploie le *Colorant Vinicole*, 8 à 10 grammes par hecto suffisent. On peut en mettre davantage si on le veut plus rouge.

Il sera répondu immédiatement et sur échantillon à toute demande de renseignements concernant les soins à donner aux vins malades ou altérés.

Pour les Raisins secs, Thermomètres, Pèse-sirop, Mèches soufrées, Colle diamant, Extrait Vinicole, Colorant, Appareils ainsi que pour tout ce qui se rapporte à la fabrication du vin, s'adresser:

MAISON J.-F. AUDIBERT ++

Importateur direct des Raisins Secs à boisson

ENTREPOTS GÉNÉRAUX AGRICOLES ET VINICOLES

53, RUE DES MINIMES.—MARSEILLE

NOTES:

[1] Trois pères des Missions africaines de Lyon, partis de Marseille dans le courant du mois de juillet 1880, vont importer cette fabrication dans le royaume des Amazones.

[2] C'est en 1873 et 1874 que se passait ce qu'on va lire, touchant la vaccination des vignes. Depuis cette époque j'ai étudié avec ardeur ces diverses questions. On trouvera dans mon ouvrage, *La Vigne Sauvée*, éditée en 1885, (franco, 3 fr. 75 aux bureaux du journal l'*Echo Universel* d'agriculture à Marseille et chez tous les libraires), tous les renseignements et les remèdes concernant les maladies de la vigne.

[3] Je ne m'explique pas, alors que j'ai rendu, de 1873 à 1875, ce procédé de la vaccination public et officiel, soit par la Presse, soit par mes lettres à M. le Ministre de l'agriculture, qu'il ne se passe pas d'année sans que les journaux ne l'annoncent avec fracas. Passe encore si on rappelait le nom de son véritable auteur, mais chaque inventeur (?) non content de copier purement et simplement la description de la manière de vacciner et des liquides à inoculer signe sans aucune honte. Je proteste ici contre cette manière d'agir.—J.-F. AUDIBERT.

[4] Lire l'*Art de faire les Vins d'Imitation*, madère, malaga, etc., vermouth, bitter, sirops, infusions, liqueurs, avec les vins de raisins secs et autres, du même auteur. (Franco, 5 fr. 25, bureau de l'*Echo Universel* d'agriculture, Marseille et chez tous les libraires.)

[5] Le dépôt de ces raisins, les seuls qu'on doit employer pour être certain de la qualité, et surtout du rendement est aux entrepôts généraux Agricoles et Vinicoles, 53, rue des Minimes, Marseille.

[6] *L'art de faire les Vins d'Imitation*, madère, malaga, etc., vermouth, bitter, sirops, infusions, liqueurs, avec les vins de raisins secs et autres, du même auteur. (Franco 5 fr. 25.)

[7] Le paragraphe que j'ajoute à cette nouvelle édition, pour mettre en garde les fabricants, le prouve surabondamment.

[8] J'ai depuis obtenu du gouvernement des mesures qui empêchent cette fraude de se produire, afin de protéger ma création: L'Industrie des vins de raisins secs.

[9] Les Entrepôts Généraux Agricoles et Vinicoles, fondés en 1876, rue des Minimes, 53, à Marseille, enverront tous les catalogues avec prix, pour tous les objets nécessaires.

[10] On peut maintenant, du reste, pratiquer cette opération, sans beaucoup de peine, ni de frais. J'ai fait faire un fouloir spécial pour les raisins secs du prix de 100 francs. Il est très solide, portatif et supplée à une main d'œuvre assez pénible. Les Entrepôts Généraux Agricoles et Vinicoles, 53, rue des Minimes, sont les dépositaires de cet instrument.

[11] L'opération, pour être parfaite et faire rendre aux raisins leur maximum de production, doit être pratiquée avec le fouloir, brise mottes. (Voir chapitre précédent).

[12] Voir la note page 35.

[13] Pourtant je le répète, la division des grains, passant dans le fouloir, est un excellent moyen de procéder, quand on le peut.

[14] Un petit excès de chaleur ne peut jamais nuire au début de la fermentation.

[15] Maumené, paragr. 364, page 271.

[16] Voir Chapitre VIII: *Fabrication mathématique des vins de raisins secs et autres vins.*

[17] Les thermomètres spéciaux, coudés, pour être fixés aux cuves, valent franco: 4 fr. Dépôt: Entrepôts généraux Agricoles et Vinicoles, 53, rue des Minimes, Marseille.

[18] Voir figure I.

[19] Cet effet est celui de l'acétification des grappes, qui composent le *chapeau*, par le contact de l'air.

(*Note de l'Auteur*)

[20] Chaptal, page 134. (*L'Art de faire*, etc.)

[21] Maumené, page 277. (*Traité du travail des vins.*)

[22] Maumené, paragr. 282, p. 284. (*Traité du travail des vins*).

[23] Annales de chim. et de phy. (2). XVIII, 180.

[24] Du même auteur. Prix 5.25, *franco*, aux bureaux du journal d'agriculture l'*Echo Universel*, à Marseille.

[25] Prix 3.75 *franco*. Entrepôts Généraux Agricoles et Vinicoles, 53, rue des Minimes, Marseille.

[26] On obtient facilement ce résultat avec l'appareil J.-F. Audibert.

[27] Il serait bon cependant, suivant la qualité des produits qu'on veut obtenir, de mettre une quantité d'eau moindre, quand on veut faire un vin de raisins mélangés.

(*Note de l'auteur*).

[28] Pèse-sirop qui vaut 3.75 *franco*. Le thermomètre coudé 4.25 *franco*, rue des Minimes, 53, Marseille.

[29] Prix: Petit modèle complet 30 fr.; grand modèle 40 fr., rue des Minimes, 53. Entrepôts Généraux Agricoles et Vinicoles.

[30] Les variétés de sucre étant nombreuses, je renseignerai mes lecteurs sur la qualité la meilleur marché et la plus favorable. (*Note de l'auteur*).

[31] Chaque année, à l'époque des vendanges, je donne, dans l'*Echo Universel*, journal agricole et vinicole que je dirige, tous les renseignements nécessaires pour tripler la récolte de vin. (Bureaux à Marseille).

[32] A l'époque où cette expérience fut faite, l'appareil pour la fermentation mathématique des vins n'existait pas. Aujourd'hui cette opération et toute cette main-d'œuvre deviennent inutiles dans un grand nombre de cas.

(*Note de l'auteur*).

[33] Maumené, parag. 420, page 313. (*Traité du travail des vins.*)

[34] Plus loin les fabricants trouveront du reste la description, la gravure et le prix du pressoir, qui à mon avis est le meilleur, le plus commode et le meilleur marché des pressoirs. (Voir le prix-courant des Entrepôts Généraux à la fin du volume).

[35] Vert-de-gris.

[36] Voir à la fin du volume le Catalogue et Prix-Courant des Entrepôts Généraux Agricoles et Vinicoles.

[37] Maumené, paragr. 207, page 162 (*Traité du travail des Vins*).

[38] Voir le chapitre suivant du *Soufrage.*

[39] Voir à la fin du volume le Catalogue des Entrepôts Généraux Agricoles et Vinicoles.

[40] Dépôt principal: Entrepôts Généraux Agricoles et Vinicoles, 53, rue des Minimes, Marseille. Prix: 0,60 cent. le kilogr. de 60 mèches environ.

[41] L'Art de faire les Vins d'Imitation, Madère, Malaga, etc., Vermouth, Bitter, Sirops, Infusions, Liqueurs, avec les vins de raisins secs et autres. (*Prix franco*: 5 fr. 25).

[42] Maumené, parag. 515, page 373. (*Traité du travail des vins.*)

[43] Les agriculteurs ou négociants peuvent sans crainte user de ce procédé dont j'offre gracieusement la primeur à mes lecteurs.

(*Note de l'auteur.*)

[44] On doit s'empresser de me signaler ces altérations dès qu'elles se produisent en joignant à la lettre un petit échantillon du vin. Je me fais un véritable plaisir de répondre gracieusement par retour du courrier à toutes les consultations demandées par mes lecteurs.

(*Note de l'auteur.*)

[45] Colle de Flandre, colle de Givet.

[46] De 10 hectolitres et au-dessus. Au-dessous de cette quantité, deux blancs d'œufs par hectolitre sont nécessaires.

(*Note de l'auteur*).

[47] *La Colle Diamant* vaut 3 francs le kilogramme. Adresser les demandes: Entrepôts Généraux Agricoles et Vinicoles, 53, rue des Minimes, Marseille.

[48] Les proportions, qu'on donne à cet instrument, varient suivant la grosseur et la capacité des futailles qu'on veut fouetter.

(*Note de l'auteur.*)

[49] Prix: 7 fr. Rue des Minimes, 53, Marseille.

[50] Lire les meilleures méthodes pour les raisins dans l'*Echo Universel.*

[51] Prix: 12 fr. le kilo. Entrepôts Généraux Agricoles et Vinicoles, 53, rue des Minimes, Marseille.

[52] Le *Tannin à l'Alcool*, prix.: 8 fr. le kilo, est un article exclusif et garanti des Entrepôts Généraux Agricoles et Vinicoles, 53, rue des Minimes, Marseille.

[53] Chaptal, page 247. (*Art de faire le vin*).

[54] Le litre vaut: 5 fr. 50. Entrepôts généraux, rue des Minimes, 53, Marseille.

[55] Prix: 2 fr. le kilo. 50 gr. par hectol. suffisent. Voir le catalogue à la fin du volume. Entrepôts généraux, agricoles et vinicoles.

[56] Voir le catalogue des Entrepôts Généraux à la fin du volume.

[57] Le paquet de 50 grammes vaut 4 francs. Dépôt principal: Entrepôts Généraux Vinicoles et Agricoles, rue des Minimes, 53. Marseille.

[58] Franco 5 fr. 25, rue des Minimes, 53.

[59] Cette circulaire, que j'ai relatée tout au long dans mes premières éditions, a été en partie rapportée par une seconde circulaire parue au mois d'Août 1881. C'est pourquoi j'ai supprimé, pour plus de clarté, les anciens paragraphes visant l'ordonnance de M. le Garde des Sceaux, ordonnance aujourd'hui également rapportée.

[60] Il y a là une erreur ou plutôt un lapsus grave, le jus de raisin contient le double de sucre au moins.

[61] Page 485, page 662 (*Traité du Travail des vins*).

[62] Page 487, parag. 674 (*Traité du Travail des vins.*)

Speak Carefully

Always be careful
Of what you speak
Think twice and choose the words
Proper care has to be taken in this

You just can't say
What comes out of you
It may sometimes be hurtful
And go against you

All the feelings of your heart
Can't be poured out
Some has to be buried deeply
So that it is never found out

Speak less
If you think you can't control
Don't talk when you are low
Otherwise others will take hold

It is not easy to burden
Your heart this way
But it's better to be silent
Than to say and later pay

It may seem
That you have said to a friend
But sometimes it is not good
To share everything with a friend

When things change
You will not know
When friends become enemy
You will not know

So it is better
Not to say all the things
And if you do speak
You need to have wings

News Good or Bad

Everyday you get news
Good or bad it may be
Everyone gives you a news
Happy or sad it may be

Today I was burdened
With news of mixed feeling
I don't have words for it
And my heart is beating

The news was not
Actually a surprise for me
I knew the arrival of it
At the news was supported by me

But the delivery of the news
Came as a shock
For a while I felt like
I have turned into a rock

I was lost in the thought
Of never seeing someone in future
I was still happy being sad
As he did it for his better

This was not only
The news which I received today
There was one more
And that mesmerised me today

I had never thought
I was loved to that extent
I feel happy that I have made a good friend
And I shall never repent

There was one more news
But it was what happens
It is life that we need to accept
It always salute the things that happens

I don't know any other way
To express myself
I will never forget my dear ones
Even if I forget myself

My Thought

I am trapped in my thoughts
My thought is very weird
I simply can't express it
It's really very geared

I want to run away
From every situation
From the anxious heart
From all the creation

I know I don't have an option
I have to stay back
Why can't I simply love him
And for see what he lacks

I am not selfish
But can't control my desires
I love myself very much
But have to kill my desires

I had never dreamt of such a life
I have to be happy with it
I feel very helpless sometimes
But have to live with it

Yes, you may say
That I always think negatively
But actually I have no other way
To express my feelings so easily

I have not seen the world much
Neither have not seen it at all
I am sly I know
But that is what I had been taught

Love

Life has a lot of trouble
You need to face it
When you don't have any idea
Love is the thing that rescues you of it

Love is not limited to
A girl and a boy
It's scope is very wide
You can even love a toy

When you open your eyes
Your mother was your first love
She defines love for you
But soon you forget her love

You soon find your siblings
And also your cousins
They are your first friend
Their love is later thrown into the Dungeons

As you grow up
There are friends who occupy your heart
They become your fixed deposits
And they are your love life's part

When a woman comes in your life
She becomes the important thing
You need her for eternity
And you don't consider any other thing

Don't mistake the love with
The act of love making
It's not just the lust which is there
Love is actually in every relationship building

So dear friend of mine
You love your family and friends
It may not be told
But love should be shown in your actions

Love is a wonderful gift
Which is the grave part of your life
You love everyone around you
All these people make a mark in your life

But there is one important thing
You need to always love yourself
As, if you don't do it
You will never be able to enjoy yourself

Never underestimate yourself
Others are there for that
Love yourself like you are your girlfriend
And always gives your back yourself a pat

Nature Difference

I just don't know
What is happening?
I am getting angry
Upon very little things

It's not very usual
It's very different for me
I have really experienced
It's a new thing that I see

I don't know what it is
It's a very new character for me
I think I am getting crazy
But it's like a new thing you see

Confusion

When you are alone you think a lot
All bad thoughts come to you
You take small things seriously
That makes a fool of you

I think a lot when I am alone
It makes me angry sometimes
But anxiety does not last much
And it cools me down sometimes

This time all the thoughts that come
Are only making me worse
At a time I feel like to cry
The only time I want to crush

I am so lost right now
I feel that I made some wrong decisions
I don't know why I feel so
But then justify those decisions

I am so confused right now
Were the things I have chosen right
I don't know what is wrong in them
There is going on an inner fight

I need to find the way out
I actually need some guidance
The answers are I know within me
I just need some evidence

Lost in Thought

I am lost in my thoughts
Thinking what is going wrong
Why am I stuck in one place?
Why do I have to be in the same song?

I tried to change my location
But it is not working
I have to do something to improve
But I am not getting anything

I have done mistakes in my life
Which cannot be undone
I have understood one thing
Grab the opportunities before they are gone

I think too much before doing anything
And that is a big problem
I think playing this is not the main thing
You need to take risk and build your emblem

The great people always took risk
That's why they are great
Then why am I afraid to take risk
Maybe I think too much to be great

I was never inspired
By The Thinker
But still I think too much
And that's my sinker

I am lost in my own self
The thought of it is weirder
I simply don't have much choices
And that makes it sadder

I need some inspiration
Someone to motivate me
I think I am throwing My Life Away
I need someone to guide me

Corruption Vs Communalism

The main problem in India
Is not corruption
You may hardly believe me
But it's actually communalism

Corruption is a problem
I don't deny that fact at all
But communism is no less a problem
As you see the things involved

What is communalism?
Is the question that now arise
The answer is there within the word
but no one wants to against it Fight

Inter-caste marriage is not allowed
Inter-religion is also there involved
Love Jihad is the new word invented
And also the difference involved

You may prove me wrong
You may say corruption is still big
As we don't think the other way round
As everyone is stuck to this

All political leaders
Try to win the elections on the communal grounds
The promise to fight corruption
But after winning, talk communal the year round

So the discretion is yours
It's for you to decide
Which is a bigger problem
With corruption and communalism on either side

Trust Issue

Don't trust everyone for everything
Never make this mistake
You don't know anything about them
This may put your life at stake

What you say to others
May be used against you someday
You will never know what has happened
But you will repent everyday

You may think that they are your friends
The best buddies indeed
They are actually what we say
The wolves in the sheep's skin

They come close to you
So that you can trust them
They then show their true colours
And still you are unaware of them

You still trust them
With all your heart
You trust them blindly
And tell them every part

They use it against you
In order to make their progress
You need to be careful
As you are the one to loose in that case

When you come to know the truth
You may still not believe it
You are not devastated in your thoughts
And it makes it hard and you sit

You don't want to trust anyone again
You are no more in your senses
It takes time for you to regain
And then come back to senses

It's an advice for you to take
Don't believe on anyone
Think twice before you speak
Don't say every secret to everyone

HOLI

Holi it seems to be
A festival of colours indeed
It's the time when
We colour our sorrows indeed

All the colours
Represent different things
The all denote
The different song you sing

It's the time
When you mingle with friends
You forget the things of past
And surpass every means

The faces smeared in colours
The joy hidden everywhere
The scent of the sweets
Are coming from everywhere

It is said as a time of love
The time which brings you closer
The time which makes you
Love your partner for ever

But there is another side
Some evils have crept into it
Some people tend to cross their limits
And do some illegal things during it

They take everything for granted
They consider everyone is made for them
They take every opportunity
To make evil love to people around them

It is a sad reality
But nothing can be done
We can only take pledges ourselves
That we won't mix lust in holi and everything is itself done

Jealousy

Why do people get jealous
On others' success?
Why can't they live their own life
And mind their own business?

I just don't understand
Why are people like that?
They have problems in all
The success you have

They make plans
To ruin your work
They do anything and everything
To ruin your effort

You may be good
At what you do
But these things are for real
Will always affect you

You might think that
Why are they acting in such a way
You haven't said anything against them
You haven't got in there way

But still they will
Obstruct your path
They will do whatever they can
To make you give up at last

You should not give up
You should show them
They have messed with a wrong person
And just do your work near them

Jealousy means
You are good enough
As, if you are not
They would not have done that

Be happy that
You have jealous people around you
They will actually make you grow
Indirectly they are working for you

Farewell

On my first day
I didn't know that he will be a guiding light for me
But since my two years
He has been a father figure for me

He always has a game plan
He always motivated me
He has been a true mentor
And the real guardian for me

I took him as a father itself
I will always cherish what he taught me
He has always been a pillar
And his teachings will never be forgotten by me

It was my luck
To have him there always
And I was inspired by him
To be there for him always

The news came to me
As a very big shock
It threw me speechless
And I was unable to recover from that

It broke my heart
I was shattered into pieces
He deserved a proper farewell
Not the way it has been done

I loved him
And the feeling of respect will always come
I hope he stays happy
And prosper in the years to come

Mother's Day

Today is Mother's day
The day when you appreciate your mother
It's a very special day
The actual God is your mother

I don't want to be sad
I want to be happy today
It's been two years now
You left me and have gone away

No one can fill your space
No one is as worthy as you have been
You were my best friend
Such a worthy friend indeed

I know in no way can
This message be conveyed to you
You are in such a place
Where I can hope happiness for you

If there is any possibility
I want to have a partner like you
I will be lucky enough
If I fall in love with a person as worthy as you.

If there is life after death
The concept of rebirth exists
I would like to have you again
As my mother if it possibly exists

I love you Mom
I will always do
I hope you are watching me
And being proud of what I will do

I wanted to share
A lot of things with you
But what to do
God wanted only one thing and that is you

I do talk to your photograph
Though they are few
But the only problem with them is
That they don't give advices like you

Mistakes I have made...

We humans have a nature
To ignore our mistakes
We overlook the faults in us
And happened to mock others mistake

I have made a lot of mistakes
I know
I am not a perfect human being
And this fact I know

I cannot show my love
In true sense
I cannot say I love you
In any case

I have a problem
I cannot appreciate others
But that doesn't mean
I don't want it from others

I have made a mistake
Of not accepting my mistake
I can never do it
I have never learnt to be fake

Whatever you do for me
I tend to forget
Whatever bad you say to me
I will never forget

I just believe in monetary benefits
I say money is bigger than love
According to me you can buy anything with money
Money can even buy love

I am admitting my flaws
And I know that is also a mistake
If I would not have done so
I would be making again a mistake

Confession

Today I want to confess something
Which no one will believe
It's quite strange I think
And will throw the things up my sleeve

I have never said it to anyone
I think people will say I am lying
It's the thing which normally don't happen
The things that I will be saying

Actually, I never fell in love with anyone
Never got infatuated with anyone
The crushes that I have said
Are just to curb the questions of everyone

If I would have said it before
It would be considered stange
It's not that I never wanted to be in relationship
But never got a person in my range

I am so much in love with myself
I am so self-obsessed
That I don't get that feeling
And never have got in that stage

Of course I want to fall in love
I want to make love to someone
But there has to be love which comes from heart
And not from anywhere else

Do I have Friends

Do I have friends?
It is the question that is bothering me
I have a lot of friends maybe
But how many will stay with me

I don't know why I think so
Friends are there for a reason only
Are they to advise me on every matter
Or they are for passing the time only

I am confused about everything
The whole thing bothers me
The friends are there to mock you
Or are they the Pillow where you can cry easily

You share your feelings
Without the feeling of getting it leaked
You believe them blindly
And think that everything is sinked

I wonder do I have such a friend
The friend with whom my secrets are safe
Will you let me a pillow to cry
And forward their own to make me feel safe

I sometimes feel I am lucky to have some
But sometimes everything goes in vain
What is the thing that actually is my concern
Is what bothers me again and again

I have had friends with whom I can enjoy
I have friends who have stood up for me
I have friends whom I do believe
And some who have no faith in me

Choosing friends is a tedious job
Finding friends is easier than you thought
Social networking sites are there to do it
But to have beautiful friends is a very tough task

I have failed or passed in this friendship test
I do not know
Have I conducted this test
I do not know

Please someone help me
In clearing my doubt
Or should I visit a counsellor
In order to clear my doubt

My Love

The emotions are quite surprising
They just come out without expectation
There is a sudden change in it
I am lost in every situation

Your eyes are deeper than the sea
I want to dive in these whole day long
I want to touch its inner Depth
I want to get lost in them so never to be found

The silky hair of yours
The fragrance of your hair
Makes me lose my senses
Leaves me in great despair

Your face I always see everywhere
You are beautiful in every case
Your beauty mesmerises me always
Always leaves me speechless

I cannot sense myself
When you are there
I just want to be with you
And hold your hand always

I trust you with all my secrets
I do believe in whatever you say
I can never lie to you
Even if circumstances compels me in any way

I had never felt like this before
The feeling is strange for me
I just want you by my side
And that always surprises me

You have become my life
Now you are my oxygen
You are my painkiller
You are my anti-allergens

Child Within

You may have grown up
Your maturity level is reached
You may be able to be a parent now
Your ideals may have been preached

It's good to act like a child
There is always a child within
It's good to return to your innocence
And discover yourself within

Think like a child
If you want to imagine
You will see a different picture
Altogether you will be in a different scene

Talk like a child
You will sense purity
The words you speak will mean nothing
It will make you stressed free

Ask questions like a child
Be a little inquisitive
It will open up your mind
And make your wisdom increase

Play like a child
As you will learn to forgive easily
The lesson which is to be learnt
And will make you socially wealthy

Eat like a child
As if no one is near you
The food will taste better
Than what it would be for you

Cry like a child
Open up your heart
Let out your emotions
And live happily your part

Complain like a child
As sometimes it's good to blame others
You will feel safe
Like you are in the arms of your father

Scream like a child
Let out all your anxiety
Make it obvious to others
Set back your priority

It's good to be a child
It makes you realise yourself
You are never meant to grow up
But circumstances happen itself

You will be Remembered

It was a well planned move
In every sense
It was the day which had to come
Crossing every fence

I know not what to say
I don't know how to say
I want to thank you for everything
But I don't have a proper way

The things won't be same
Without you
There will always be a gap
Which can only be filled by you

You have made work fun
You have distressed every situation
Your jokes, your sense of humour
Will always be remembered in times to come

The way you flirted
The way you said everything
There was always some laugh
Reserved for every word spoken

You have been tall
Taller than anyone else
The words you spoke
Have given you a place higher than anyone else

Whenever I will joke
You will be remembered
Whenever I will see lunch
You will be remembered

The moment we have shared
Will always be cherished by me
When you achieve something big
I hope you will not forget me

Rain Dance

Rain is so beautiful
I hope you were there with me
The scene of Bollywood
Is to be made real by me

I want to dance with you
Get wet in your arms
I want to do the rain dance
And lift you up in my arms

We will dance in the rain
Till we are totally wet
The whole world sees our performance
And it looks like a movie set

We get so close
That we can hear our breath
Dancing we forget everything
And the love is poured out of us

Fate and Luck

Luck is the name to curse
Fate is the horrid image
Life can be made or destroyed
By these two types of sage

You may have a dream
You may be in the verge of achieving it
It's the luck which may do a tale-spin
And get you stuck in the middle of it

Destiny is what to be achieved
You may not be able to see the path
The luck may make your work easy
Fate will show you the path

You have dreamt of the kingdom
That is made up of your hard work
You are lucky enough to get it
But wind of fate may shatter it with no effort

The whole world may be with you once
May come to resort you
But when time changes
They will not even look at you

Good fate comes with good luck
If both are there you achieve everything
If you happen to have one, you may achieve
But when none are there you have nothing

It's in your hand to change your fate
Luck me not be with you
But hard work actually rules it
So work hard, fate will be with you

Mother- a precious gift

Mother is anyone's most precious gift
There is no substitute for her
She is the first friend in one's life
You are introduced to the whole world by her

She sacrifices every bit of her life
To make the life of a children
Before every bite she takes
She thinks of the food eaten by her children

When you are not feeling well
She was spending the Sleepless Night
She was taking care of you every time
And giving you the courage to win the fight

When you are in danger or in pain
You will call her name at every age
You only remember one name to be called
But you can't take her name to praise

When you want to cry
You only find one place to hide
You shower your eyes in front of her
You take refuse to her lap this time

When you want a solution to your problem
When you want help in some way
You take no time in calling her
As you know she will always help you in any way

Your mother is your first teacher
She teaches you everything
When it's time for you to take care of her
She becomes for you just like a thing

Dreams

There is always a good time
The fate will shine once
Your fate may not be with you today
But it will be there once

It's not that you have lost every time
You will keep on your defeat
One day will come when you will be victorious
And everyone will be under your feet

The things changed so does the time
You will get what you wanted
You need to wait for it
The time will come when you get it hunted

You need to have patience
You need to face every situation
You need to think practically
And handle all the situations

The life goes on so does your dream
Always dream big and fulfil it
There will be a lot of ups and downs
You are not allowed to be kept trapped in it

Dreams are a part and parcel of life
Life is nothing without it
To fulfil your dreams is not easy
You need hard work and dedication in it

So dream my friend
Dream may not come true first
You need not get disheartened with it
You need to carry on your thrust

Responsibility

Responsibility is a great teacher
It teaches you the meaning of true life
It is a very strict teacher indeed
And makes you reach the thrive

It gives you the opportunity
To learn from your mistakes
It teaches you to stand up again
It makes your life never at stake

I know it's a cruel teacher
It never gives second Chance
It's like a goldsmith strike
Strike you at every glance

It's a perfectionist in every aspect
It makes you a perfect gentleman
It makes you step in someone's shoes
It guides you every time

It teaches you not to give up
There is a different possible way
All the things can be done
In one or another way

Responsibility doesn't come by age
It comes without a say
When you think you are not ready for it
Is already waiting in your way

Letter to Mom

I remain silent now days
Though there is a lot to say
Please do not think I am ignoring you
But my sorrow should not be in your way

Grief can't be always said
It is very personal, deep inside
My worries are burdening me
It is cutting me, making bruises inside

I have no one whom I can say these things
These are too emotional indeed
I have no choice other than to keep it
Deep inside my heart indeed

People will never believe it
They may even laugh at it
But even if they believe it
They will never believe the cause of it

This may be my side of the story
There is always a flip side
The other part I don't know
So it's better to keep quiet

I have to do something
To get rid of it
The grief is too personal
That I cannot tell it

I miss you mom
And will always do
I have the responsibility that you gave me
I am doing it without the will to do so

I will one day run away from it
So I ask you to forgive me
I hope you will forgive me
As this is now eating me

I know you know my pain mom
But now you can never do anything
Hats of to you mom
How you did for us everything

Before I could show my love to you
You are so far that now my words don't reach you
I hope you feel what I feel
I wish I could say that I always have loved you

Truth

Truth is always bitter
No one can in anyway handle it
It comes to you in weirdest of moments
No matter how much you run from it

I think we should be open minded
That is the problem we are facing
In that case whatever comes is accepted by you
You will find the solution of problem we are facing

It is difficult to face the truth
It is never sugar coated
Once the truth reveals itself
It gives satisfaction as intended

Truth can never be easily accepted
It is very harsh and cruel indeed
Lies how much ever good it may seem
Is to deceive you in every deed

lies are delicious and looks good
They are like the Diwali sweets
Truth is like the bitter gourd
It has a lot of true benefits

You have to be strong to accept it
You have to be clever not to ignore it
You have to find ways to digest it
It is the best way to get stronger indeed

Superstition

Superstitions are the things
Which we all believe in
They are not what you may know why
But as it has been there so we believe in

A black cat crossing your road
A glass of milk spilt on the floor
The unlighting of the holy lamp
Are all believed to be ones to arrive at your door

The dream that we see just before waking up
Are believed to be fortune teller
Then the things which I have dreamt at that time
Why didn't come true in the future

I once believed in them
I once thought that they were true
But as time passed by
You come to know they are not true

Sometimes you should try it out
Do what is asked from you
But if it's against your health
You need to take proper steps to stop you

The superstitious remedy doesn't give a totle guaranty
Neither do the evil which is to happen
So why to believe in such thing
When they cannot stop the omen to happen

Why are we so easily moved
We are educated not to believe in superstitions
Then what makes us believe in them
Maybe some came true in the life of a person

People say that the one who believes in God
Believes in superstition
I do believe in the extreme power that is the Lord
But not on the things that lighten the situation

Asking God for help is one thing
But believing that he will help is another
It is rightly said "God helps those who help themselves"
And so you need to work and achieve it dear

If you don't work for your Goals
Do you think you will achieve it?
If you just think that praying will help you
Then you are making a fool out of it